なぜ世界はデジタルになったのか
マシーンの離散的な魅力

The Discrete Charm of the Machine: Why the World Became Digital

Ken Steiglitz 著　岩野和生 訳

共立出版

The Discrete Charm of the Machine:
Why the World Became Digital
by **Ken Steiglitz**

To my daughter Bonnie

私の娘ボニーに

.

訳者まえがき

　本書は，Ken Steiglitz 教授の "The Discrete Charm of the Machine --- Why the World Became Digital" の訳である．Steiglitz 教授は，米国プリンストン大学の Eugene Higgins Professor of Computer Science Emeritus である．デジタル信号処理（Digital Signal Processing）の創始者の 1 人であり，同時に Princeton 大学の音楽科の教授たちの Computer Music 分野の立ち上げに深く貢献した．さらに 1970 年代には，アルゴリズムと数理最適化の研究に携わり，その両者を融合させた組み合わせ最適化の分野で基本的な貢献をされた．本書でも触れられているが VLSI やアナログコンピューターにも深くかかわられている．1980 年代後半には，eBay のオークションのメカニズムにも興味を持ち，その数理的な解析と人間の心理についても研究を行っている．このように Steiglitz 教授は，果敢に新しい分野を切り拓き，興味深い洞察を与え続けられている．

　実は，訳者は Steiglitz 教授の指導のもとで Ph. D. を 1980 年代に取得した．先生は研究や生活や趣味に独特なスタイルをお持ちで，英語，論文，生活，物事の洞察について，知らず知らずのうちに大きな影響を受けたものだった．

　教え子の目から見ると本書は，先生のコンピューター（計算）に対する見方と希望の集大成と言える．広く深くさまざまな可能性を追求されてきた Steiglitz 先生だから書けた本の内容になっている．真空管に始まって，アナログコンピューター，アンティキティラ島の機械，コンピューターを構成するための本質，計算やコンピューターの限界となる物理的な側面，アナログとデジタルの関係，計算の本質，なぜ今までのアナログのアプローチがうまくいかなかったのか，これらに始まって，議論は私たちの未来の話に及ぶ．マシーンが意識を持つのか，量子コンピューティングが持つ可能性，人間の役割などいろいろ考える材料が豊富に与えられている書籍である．

　本書は，若い高校生，大学生，コンピューターサイエンティスト，社会人まで，理系や文系に関係なくできるだけ多くの人に読んでいただきたい．いろいろなヒントが

それぞれの立場の人たちにとって詰まっていることと思う．しかし，1つの懸念がある．それは，本書の前半での，デジタル時代にいたるまでの歴史的な面の紹介が，詳しすぎると思えるかもしれないことである．しかし，これは全体を読むと避けては通れなかったことが分かるはずである．読者の多くにとって，ひょっとすると誕生前の話かもしれず，半ばで挫折されないことを願う．最後まで読めばきっと教授の私たちに対する希望やメッセージが読み取れるようになっているからである．さらに，読者の方々が自分でこれらの歴史的な側面を調べられることを勧めたい．先人の絶え間ない努力に感銘を受けるだろう．

　本書の翻訳が，いろいろな事情はあったが，当初の予定よりも数年遅れたことをお詫びしたい．翻訳の校正にあたって，多くの友人や同僚にお世話になった．とくに梶川幹夫氏，梶川晃一朗氏，梶永有里氏，河田卓氏は，詳細に訳稿を読み込み，コメントや訂正案をいただき，深く感謝している．共立出版の編集者の大越隆道氏は，いつものように忍耐強く対処していただき感謝している．最後になるが，この翻訳に多大な時間と注力を向けざるを得なかったことで，いろいろな心労をかけた家族に感謝している．

　最後にこの本が，読者に未来に向けた1つの方向性の鍵を与えてくれることを祈っている．

2023年2月　岩野　和生

読者へ

本書の内容

　私たちがコンピューターと呼ぶ機械は私たちの生活を変えてきた．そして最終的には人類自身をも変えるかもしれない．この革命はたった1つのアイデアに基づいている．それは，**離散的なビット**の形で情報を蓄え，操作する機器を構築することである．本書での私の目的は，この単純に見えるアイデアが，なぜそれほどまでに強力なのかを説明することにある．

　離散的でデジタルな形式なものの長所を正確に指摘する際に，過去半世紀に劇的に進歩したテクノロジーの**限界**について疑問が生ずることは言うまでもない．コンピューターは，より多くのコンポーネントをより小さな空間に詰め込み，より速く動作してきている．これは永遠に続くのだろうか？　コンピューターのプログラムはますます賢くなっている．コンピューターの手の届かない問題はいつまでも存在し続けるのだろうか？　コンピューターは私たちよりもはるかに賢くなるのだろうか？　コンピューターは私たちに取って代わるのだろうか？

　本書の終わりでこの最初の疑問に戻り，さらに基本的な問いかけをしよう．デジタルコンピューターは，情報を連続的に離散的ではない形式で扱うアナログコンピューターより**つねに**優れているのだろうか？　あるいはデジタルコンピューターを超える何か「魔法」がアナログの世界に隠されたままなのだろうか？　人間の脳は情報のデジタルとアナログの両方の形式を使っているが，自然界は計算の究極の性質について何か秘密を持っているのだろうか？

想定する読者層

　簡単に言えば，私の理想的な読者は，技術的な訓練は受けていないかもしれないが，一般的に科学，とくにおそらくコンピューターに興味を持っているだろう．さらにコンピューターがなぜ**デジタル**なのかについて好奇心をかき立てられているかもしれない．本書は決してコンピューターサイエンスの入門書ではないし，プログラムの書き

方でもコンピューターの使い方についての本でもない．いかなる式もコンピューター
のプログラムも現れない．しかし，読者は，今日のコンピューターが最も基本的で微
視的レベルでどのように構築されているのかについて知り，なぜそのようになったの
かを理解することになるだろう．

概要

　コンピューターがなぜデジタルであるかについてはたくさんの理由がある．一部は
本質的には物理的なもので，これらは自ずとより具体的かつ直感的に明らかになって
いくだろう．たとえば自然界ではどこにでもある避けようのないノイズ（雑音）は情
報を不明瞭にする傾向がある．同様に電流は電子と呼ばれる離散的な粒子の流れから
構成されている．これは電気信号が微視的レベルでは必然的に粒子的であることを意
味している．第Ⅰ部で，情報の信頼性に対するこれらの物理的な障害と，情報をデジ
タル形式で格納し使用することでそれらをどのように回避できるかを議論することか
ら始めよう．

　次に，馴染みの深いバルブという概念がいかにすべての計算に対する構成部品を提
供できるのかを示そう．トランジスターはシリコンのバルブであり，ムーアの法則に
反映された固体素子技術の爆発的な発展により，今日では10億個以上ものトランジ
スターを含む大規模集積回路がもたらされている．この進展の限界が究極的には量子
力学によって，とくにハイゼンベルクの不確定性原理によって決定されることを見る．

　第Ⅱ部では物理学というよりもむしろ通信の研究から浮かび上がった2つの基本
的なアイデアに着目する．それらの進展はデジタル信号処理，高速ネットワーク，イ
ンターネットをもたらした．地球規模でほとんど瞬間的に音声や画像を共有できる能
力は，たった1世代で私たちの生活を大きく変えた．

　フーリエ解析という最初のアイデアは，どんな信号も異なる周波数の集合から構成
されるものとして扱うことができることを示している．この洞察は，ナイキストの原
理につながっている．この原理はすべての情報を保つために音声と動画の信号をどの
くらい速くサンプリングする必要があるかを示している．そして，これが，現代世界
で重要な資源であると一般的に認識されている帯域幅の概念の背後にあるものであ
る．

　2番目のアイデアはノイズの多い環境で情報を保護するために符号化を使用することである．信号を安全に送信し格納するために冗長性を用いるという経験的な実践は，クロード・シャノンの頭から完全な形で生まれたエレガントで影響力のある情報理論に影響を与えた．この理論の真髄は彼の素晴らしい（そして驚くべき）通信路符号化定理で，それは帯域幅の概念の奥深さとその重要性を明らかにした．

　第III部ではさらに洗練された挑戦的な領域に進み，実際に現在の科学的知識の限界に到達しよう．計算のためのアナログマシーンに戻り，本質的に難しい問題の概念を発展させよう．この時点で，現代の複雑性の理論，NP完全問題の概念，およびコンピューターサイエンスで最も重要な未解決問題に触れよう．

　最後に，今日，私たちが使用しているコンピューターの限界を逃れる方法があるかどうかを問う．これは自然にチャーチ＝チューリングのテーゼにつながる．このテーゼは，アラン・チューリングが発明した仮説的なマシーンが本質的に計算の概念を捉えていると主張している．そして，これをさらに一歩進めた拡張されたチャーチ＝チューリングのテーゼは，チューリングマシーンが（アナログを含む）すべての**実用的な**計算の具現化であると提唱している．そして，どちらのテーゼも純粋に数学的ではないし，どちらも決して証明されることができないと分かるだろう．量子力学を駆使するコンピューターの究極の能力についての疑問までここからすぐである．

　第IV部を構成する最終章では，わずか半世紀の間に私たちの情報技術をアナログからデジタルに変化させ，今日のパケット交換と光配信によるインターネットへと導いた6つの主要なアイデアを見直す．ここで私たちは未知への境界にたどり着く．つまり，NP完全問題は本質的に難しいのか？（おそらくそうである．）チューリングマシーンはすべての**実用的な**計算の概念を捉えているだろうか？（量子力学的なアップグレードをもっておそらくそうだろう．）マシーンは意識を持ち悩むことができるのか？（まったく分からない．）これらの問いに対する答えが何であれ，マシーンの脳が未知のアナログか量子の力を利用できるかどうかによらず，現在の離散的なマシーンの進展が加速され自律的なロボットの誕生をもたらすだろう．準備ができているかいないかにかかわらず，ロボットはやって来る！　私たちは自分たちの相続人や後継者に対する責任にどのように向かい合うのだろうか？　私たち人類の文化的価値は存続するのだろうか？

個人的なこと

私は Gamow（ガモフ）（1947），Courant and Robbins（クーラントとロビンズ）（1996），そして後には Russell（ラッセル）（2009），Feynman（ファインマン）（2006）のようなポピュラーサイエンスの傑作を読んで育った．これらの本には1つの本質的な特徴が共通している．彼らは単純化しており，時には端折っているかもしれないが決して嘘はついていない．ラルフ・レイトンが Feynman（2006）での序文で仮想の学生に言っている．「本書には『学ばない』でよいものは何ひとつない．」本書で私は，限られた能力と奮い起こせる限りの謙虚さを持って，彼ら英雄たちに続こうとした．

アナログとデジタルのテーマに対する郷愁的な想いをぜひとも述べたい．私は最初に機能したデジタルコンピューターが作られたのとちょうど同時期に生まれたが，極めて実用的なアナログラジオを聴き育った．私の最初の給料の支払い小切手は真空管デジタルコンピューター用に機械語（アセンブラー）のプログラムを書いた夏の仕事に対してだったが，私の学部ではアナログコンピューターを使う科目がいくつかあった．私の博士論文は，アナログとデジタル信号処理の間のやりとりについてであった．このソナタ形式[a]の本を通して，私たちは多様な観点からアナログとデジタルのテーマを発展させよう．まずはあなたを提示部の章，第1章に招待しよう．

謝辞

同僚や友人の助けや激励に謝意を表明するのは私の悪戯に彼らを巻き込むのではという懸念がいつもある．それにもかかわらず私はあらゆる援助に対して次の人たちに感謝したい．彼らは非の打ちどころがなく評価されている．Andrew Appel, Sanjeev Arora, David August, György Buzsáki, Bernard Chazelle, David Dobkin, Mike Fredman, Jack Gelfand, Mike Honig, Andrea LaPaugh, Kai Li, Richard Lipton, Christos Papadimitriou, Mona Singh, Olga Troyanskaya, Kevin Wayne, Andy Yao.

---

[a] 訳注：ソナタ形式は，楽曲の形式の1つで，序奏・提示部・展開部・再現部・結尾部から構成され，主題が提示部，再現部と繰り返し現れる．本書では，アナログコンピューター，量子コンピューターなどの可能性，アナログとデジタルの関係についての考察が繰り返されていく．

　私はまた，Princeton University Press のスタッフである企画編集者の Vickie Kearn, 制作編集者の Leslie Grundfest, 編集助手の Lauren Bucca, 校正編集者の Jennifer McClain に激励と専門的な指導，よき応援という恩を受けた．

目　次

第Ⅰ部
バルブの世紀

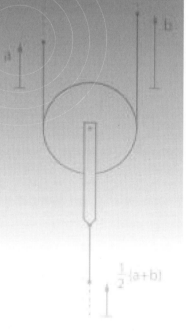

第 1 章

離散革命

1.1 私のガラクタ黄金時代

　通常「コンピューター革命」と呼ばれるものは，実際にはその言葉以上のものだ．それは私たちの世界観を連続（continuous）から離散（discrete）へと根本的に転換した．著者がこの世に生を受けたのは，この突然のように見える変化を観察するにはこれ以上ない良いタイミングだった．ヒットラーがポーランドに侵攻する数ヶ月前の 1939 年に私は生まれた．当時デジタル化の舞台はかなり控えめに，そして徐々に準備が整えられていた．その後引き続いた戦争の圧力は私たちすべてを，さりげなく徐々に，今私たちが知っているデジタル時代へと駆り立てた．本書はこの変化の背景にある最も基本的なアイデアと原則についてのものである．なぜ世界はアナログからデジタルに根本的に変化したのだろうか？　そして，アナログとデジタルの両方に沿って造られた私たち人類はどこに向かっているのだろうか？

　かなり暗い始まりになってしまって申し訳ないが，戦争の汚れた爪痕が，私たちが「進歩」と呼ぶものの年史に跡を残さないなどということは決してないのが現実である．コンピューター時代の幕明けは，第二次世界大戦における暗号解読への努力や原爆の開発に密接につながっている．

　1945 年 8 月 6 日，私は，爆撃手トーマス・フィアビーがノルデン爆撃照準器の十字線に広島の相生橋を見ていた日本ではなく，ニュージャージーにいたことをおぼろげに記憶している．そして最初のウラン核分裂型の原子爆弾が投下され，第二次世界大戦は終結へと向かった．その爆撃照準器はアナログコンピューターだった．それは，カムや歯車，ジャイロスコープ，望遠鏡などのようなあらゆる機械装置を使って爆弾の経路を決定する運動方程式を解いていた．もっともコンピューターという用語を鋼

製の部品を動かす雑多なものに使うのは今日では驚く人もいるかもしれない．しかし，それでもそれはコンピューターだった．1950年代にはアナログとデジタルという2種類のコンピューターがあった．実際，電子的なアナログコンピューターは，特定の複雑な問題を解く唯一の方法であり，多くの状況でとても有用であった．電子的なアナログコンピューターは，電話のスイッチボード（古い映画の中で見たことがあるかもしれない）のようなパッチパネル上でワイヤーをつないでプログラムされていた．そして何か興味深い問題が発生する折にはパッチパネルは滅茶苦茶になっていた．

　しかし20世紀半ば以前は**すべてのもの**がアナログであった．デジタルはまだ発明されていなかったからだ[1]．私が子供のときに知っていた情報技術の中で最も重要だったのは，当時はとてもアナログだったラジオであった．そして私にとっては驚くほど幸運なことに，戦後の生産の主体は消費財になり，消費者はおしゃれな新しいプラスチック製ラジオを買った．ゴミ回収の夜にはしばしば1930年代の大きなマホガニー製のコンソール型ラジオが道路脇に捨てられていた．これは，重低音が響きすぎAM放送の制限で高音はほとんど出なかったが[a]，その内部はありとあらゆる興味深い電子部品でいっぱいだった[2]．こうして私は，真空管の輝きやコンデンサー（キャパシターとも呼ばれた）のねじれリード線を固める松ヤニ入りのハンダの匂いやレジスターやコイルや他のエキゾチックな部品を愛するようになった．時々これらの見つけたラジオを分解（手術）した．しばしばそれは生体実験になった．というのは，それらの多くはまだ機能していたか，手を加えて立派に機能するようにできたからである．こんな幸運な発見の中には短波帯さえ備えているものもあった．そしてゴミ回収の夜は私にとってあまねく世界への入り口になったのである．

　すべてがアナログだった．テレビが登場した時それもまたすべてアナログだった．電話もそうだった．本当にそうでないものは何もなかった．

---

[a] 訳注：AM放送でクリアに聞こえる周波数は100Hz～7,500Hz（7.5kHz）なので，人間が聞こえる周波数の20Hz～20,000Hz（20kHz）より狭い範囲である．

1.2　郷愁とテクノロジーの美学

　動画や音声の信号は一日中私たちの脳に出入りしている．これらの信号を処理する機器 — ラジオ，テレビ，録画された映画や音楽プレイヤー，電話 — は，すべて20世紀後半に，すなわち私の一生のうちにデジタル化された．1つの結果として，私たちが毎日使っているデジタル信号処理と呼ばれる機器は，多かれ少なかれ同じようなあまりさえない外見の機械にほぼ集約された．本質的には，プラスチックケースの中に入っていて，画面の裏に小さなチップがあり，場合によっては数本の配線が飛び出している．これとは対照的に古き良き時代のラジオは**ラジオ**であり，テレビは**テレビ**，カメラは**カメラ**，電話は**電話**であった．それらの機器が何をするのかはそれらを見れば分かった．そして時にはそれを動かすのに象が必要なくらいだった．たとえば友人たちの助けを借りて家に運び込んだストロンバーグ・カールソン（Stromberg Carlson）のコンソール型ラジオは頑丈な木製のキャビネットで作られており，巨大な電磁石を備えたラウドスピーカーや大きな光るダイヤルや重厚感のあるつまみが収まっていた．そして，それを操作する子供は，いやおそらく大人でも，まるで宇宙船のような重要な機器を支配している気分になったものだった．

　マジックアイ[b]チューニングインジケーターは，私のお気に入りの効果だった．それは通常その端に蛍光スクリーンが付いた6E5真空管で，ラジオの前面のパネルの丸い穴から見えた．信号の強さに合わせて収縮する暗い三日月形が緑に輝いた．注意深く局を調整し三日月を狭めて細いスリットにするのは喜びに満ちた体験だった．とくに暗い部屋では不気味な光が実に魔法のように見えた．ラジオ局の周波数（あるいはURL）をタイプするだけでは同じ触覚や視覚の喜びは得られない．あなたの子供時代がそのような電子機器の後に訪れていたら，あなたは私が何を話しているか分からないだろう．郷愁とはそんなものだ．間違いなく今から50年後にはiPhoneが同じような感情をもたらすだろう．その時信号はどんな美しく小さな仲介機器も必要とせず私たちの脳に直接送られているかもしれない．

---

[b] 訳注：日本語では同調指示管ともいう．動作内容は次のYouTubeで確認できる．https://www.youtube.com/watch?v=B93e4NdhcKU

もちろんレトロなスタイルやレトロな機器の活発な市場がある．特定の礼賛者たちのグループが，たとえばシェラック盤やヴァイナル盤のレコード[c]，アナログテープに録音された音源，あるいはフィルムカメラは，かつてはどこにでもあった化学物質由来の写真技術の消滅の傍らで，その数を増やしている．真空管アンプは「温かい」音がするというのはよく聞くが，どの程度の温かみが真空管アナログ技術に固有の非線形性から来る歪みによるものなのか，あるいは熱い真空管そのものから来る精神的な満足感によるものなのかは定かではない．

時に郷愁的な憧れは神秘に近づくことがある．ウォーター・リリー・アコースティックスはインドの古典音楽の優れた録音を制作し，そのプロセスの最後のステップまで，録音にデジタルの汚染がないように多大な労力を費やしている．たとえば，ウスタッド・イムラット・カーンのCD録音に付いている小冊子は次の3つを保証している[3]．

> 本製品では，専用の真空管電子機器のみを使用し純粋なアナログ録音が行われています．マイクの設置は古典的なブルームライン方式で行いました．この録音の制作には，いかなる類のノイズリダクション，イコライゼーション，コンプレッション，リミッティングも使用していません．

この小冊子にはマイク（真空管使用），レコーダー（Ampex MR70, ハーフインチ，2トラック，15インチ／秒のテープ，**ニュービスタ**という真空管を使用）などの記述が続いている．

精神的な価値はさておき，優れたアナログ録音，あるいはもっと言えばフィルムで撮影・現像された優れたアナログ写真は，技術的には粗悪なデジタル録音や粗悪なデジタル写真よりもはるかに優れている可能性がある．先に進むにつれてアナログとデジタル技術の究極的かつ実用的な制限についてさらに多くのことを話していこう．

---

[c] 訳注：円盤式レコード盤の初期のSPレコードに使われたシェラック盤は，カーボンや酸化アルミニウム，硫酸バリウムなどの粉末をシェラック（カイガラムシの分泌する天然樹脂）で固めたものだった．これは非常に脆いもので，その後，ポリ塩化ビニールで作られたヴァイナル盤は，割れにくく弾性があり軽く丈夫なものだった．これでLPレコードやEPレコードが作成された．

1.3 いくつかの用語

これまで**デジタル**と**アナログ**という用語をかなり大まかに使ってきた．先に進む前にこれらの用語を明確にする必要がある．私たちの目的にとって，**デジタル**は対象とする信号が数字の列あるいは配列として表現されていることを意味している．一方**アナログ**は信号が連続変数の量の値として表現されている．この変数は，その値が連続的に変化する限り，たとえば電子回路の電圧や電流，ある時点のシーンの明るさ，温度，圧力，速度などにすることができる．デジタル信号のすべての可能な値は**数える**ことができ，それらの間に明確なギャップがある．一方アナログ変数の値は数えられず，それらの間に明確なギャップはない．一般的にデジタルを意味するのに**離散的**（実際には「離散値（discrete-valued）」）を用い，アナログを意味するのに**連続的**（実際には「連続値（continuous-valued）」）を用いる．しかし，この使い方は現時点では重要ではないがいくつかの違いを見落としている．

たとえば腕時計や時計を買う時「アナログ表示」か「デジタル表示」の選択をする．これはまさに上の用語を用いた意味でだが，ここでは**表示のことを言っており**時間を刻む内部の機構についてではないことに注意されたい．アナログ表示の時計は連続的に動く針を持っているが，デジタル表示の時計は，非連続的に，別の言葉で言えば突然に変化する数字を示す．時計の針は，実際には歯車の回転位置によって時間を表す．今日ではアナログ表示の通常の時計は（旧式のネジ巻き時計を除いて）内部にデジタルの計時構造を持っている．しかしひところはアナログ構造を持ちデジタル表示するという反対の種類の時計があった．これは通常，歯車とカムを用いて数字が印刷された表示を回転させていた．

2015 年の「円周率の日（3 月 14 日）」の朝 9 時 26 分 53 秒のほんの少し後，時刻が 3.14159265358979… すなわち π と書くことのできる瞬間があった[d]．それは控えめに言ってもこれ以上短い時間はなく，つまり無限に短かった．そしてその一瞬

---

[d] 訳注：米国では日付を mm/dd/yy と表記する場合があり 2015 年 3 月 14 日 9 時 26 分 53 秒は 3/14/15 9:26:53 となり 3.141592653 と読める．したがって 2115 年 3 月 14 日も同じことが起き，1 世紀に 1 度その時がくる．

はもう二度とやって来ない．決して．もしあなたがアナログ表示の時計の針を見ていたらπのちょうどその瞬間に写真を撮ろうとしたかもしれない．しかし写真を撮るにはある有限の時間がかかり必然的に秒針がずれていただろう．これはどんな種類のアナログ量を測る際にも避けては通れない結果なのだ．

　よく見られることだが音声や動画の信号はコンピューター，スマートフォン，銅線，もしくはアンプの中にある電子回路の中で電圧によって表現されている．そのような音声や動画の信号は，マイクやビデオカメラで記録され得られた信号が電子回路の電圧を利用して送信および再生されるのが通常の方法である．マイクは空気中の音圧波を時間で変化する電圧に変換する．ビデオカメラは光の画像を時間で変化する電圧の配列に変換する．これらの音声や動画の信号は通常アナログ信号として発生し最初に取り込まれた後何らかの方法でデジタル形式で処理されるという前提のもとにデジタル形式に変換される．

　アナログ信号をデジタル形式に変換する機器はそのまま**アナログ－デジタル変換器（A-D コンバーター）**と呼ばれ，逆の操作は**デジタル－アナログ変換器（D-A コンバーター）**によって行われる．したがって，たとえばデジタルカメラの感光性スクリーンは，実際には A-D コンバーターで，一方，あなたのパソコンのモニターはまさに D-A コンバーターである．

　本書で**デジタル，アナログ，離散的，連続的**という用語を使うときは，その意味を明確にするように心掛けるが，混乱の原因になりそうなものに触れておく．まず，信号の値ではなく**時間**そのものが離散的か連続的と考えられることがよくある．混乱しそうな時には時間について考察していることを明言しておく．次に，厄介なことに標準的な数学の用語では**連続**という用語が少し違う意味で使われている．数学的には曲線が1つの値から別の値に突然ジャンプせずに「滑らかに」変化すれば「連続的」と言われる．微積分学を勉強した読者はこの別の解釈に気づくだろうがそれによって混乱することはないだろう．

　最後に，物理学者は**離散的**という用語を別の意味で用いている．この使用法の最も重要な例は「光とは何か？」という問いに伴って現れる．この質問は何世紀にもわたって科学者を悩ませてきた．ある時には光は波のように振る舞う．これはたとえば回折リングを観察する時に明らかである．狭い光線（たとえばレーザーからの）を小さ

な穴に通し，その結果をスクリーンに映すと中心から離れるにつれて強度が減衰する同心円を得る．この結果は光を波として扱うと簡単に説明できるが，光を粒子として扱うと説明はとても困難なことが分かる．一方，光を検出器に当てその強度を徐々に下げると光が最終的に無限にどんどん暗くなるということはない．ある時点で光はまとまって到着し始める．カチッ！…カチッ！　アンプとスピーカーにつないだ高感度の検出器で光を受けるとこんなカチッという音が聞こえる．これや他の多くの実験は光が粒子で構成されることを証明している．もし光が波であるならば，だんだん暗くなりその強度は無限に減衰するはずである．**光子**（**フォトン**，photon）と呼ばれる光の粒子は不可分である．半分の光子や半分の「カチッ」というものはない．「カチッ」は起きるか起きないかである．すべての「カチッ」は同じである．このような場合，光は**離散的**であるという．それは**離散的**な粒子として発生する．

　原子，分子，電子，陽子などすべての物質の塊もまた，同じように一見逆説的に振る舞う．**波動と粒子の二重性**（*wave-particle duality*）としても知られるこの謎は，約 100 年前に何人かのとても賢い人たちが多大な労力を費やした後，最終的に説明された．その説明は**量子力学**と呼ばれ物理学に革命を起こしたばかりでなく世界の捉え方を変えた．

　量子力学，そして一般に物理学は本書で重要な役割を果たし，しばしばこの話題に戻ることになる．これはとても小さいものの科学である．ジャン＝ルイ・バスデヴァンによると「世界で一番裕福な男ビル・ゲイツは［マイクロテクノロジーとナノテクノロジー］を使うことができたので財産をなした．彼の財産の少なくとも 30% に量子力学は寄与している」[4]．

　量子力学についてのさらなる話題はまた後ほどにしよう．次に，アナログ機器の性能を制限する物理的ノイズの基本的な役割について，そしてこの問題をデジタル機器が回避した方法について触れよう．

第2章

アナログのどこが問題か

2.1 シグナルとノイズ

　私たちは日常的にシグナル[a]とノイズという言葉を使っている．自説にこだわる音楽愛好家がノイズについて語るときには特定のことを意味して使っている．また不眠症患者や株取引者もさらに別の意味でノイズを語っている[b]．

　科学者とエンジニアはシグナルとノイズを次の特別な意味で用いている．**シグナル（信号）**は私たちが知覚するものの一部で私たちに情報を伝える．**ノイズ**は私たちが知覚するものだが情報を伝えず，むしろ信号を不明瞭にしがちである．このやや技術的な使い方は，過去数十年間，とくに経済報道において一般的な使い方として浸透してきた．たとえば連邦準備銀行の政策発表担当の記者たちは，その信号対ノイズ比（SN比）について語っている[c]．

　私たちの世界では，ノイズは避けようがなく，ほとんどの場合望まれないので，ノイズがアナログ信号とデジタル信号に与える影響の違いを考えるのはとても興味深いことである．たとえばコンサートを収録するマイクでの（アナログ）音圧波を表すオーディオアンプの（アナログ）電圧を考えてみよう．ある特定の時点でそのアナログ信号の値はたとえば 1.05674…ボルトかもしれない．私たちはその値を小数点以下の特定の桁数まででしか書き記せないが，理論的にはその桁数は無限になりうる．数

---

[a] 訳注：signal の訳として通常は信号を使うがシグナルも時折使っている．とくに本章ではシグナルとノイズという言葉の対比を意識しているのでそのような場面ではシグナルを使っている．一方，noise の訳として，ノイズや雑音を使う．本書ではノイズに統一している．

[b] 訳注：不眠症の改善にホワイトノイズが効くと言われていたりする．一方，株取引や相場でのノイズはダマシとも言われ，大小にかかわらず発生後に元の流れに戻る現象と言われている．

[c] 訳注：米国の連邦準備理事会のホームページでも 45,000 余りの文書が signal to noise ratio について扱っている．

学的に言えばアナログ量を表すこのような数は**実数**と呼ばれる．アンプ内のノイズは
信号が回路を伝搬する際にこの値を変える．ある時点で，たとえば −0.00018… ボル
トのノイズ電圧の追加によって 1.05656… ボルトに変わるかもしれない．私はこれ
らの数が実数であり通常は有限の桁数ではきれいに表現できないことを示すように
気をつけている．大事な点はアナログ信号がノイズによって毀損されると不鮮明にな
ることで，一般的にこれは非可逆過程である．

　コンピューターの中でどの時点においても 0 か 1 の値だけを取ることのできるデ
ジタル信号の特定の一片（ビット）の状況と，これを対比させよう．ある時点でノイ
ズが本当に大きければ 0 は 1 に，あるいは 1 は 0 に変わるかもしれない．しかしそ
れ以外の場合，デジタル信号のビットに値を割り当てることができる限り，値はちょ
うど 0 か 1 になる．この決定的な違いについて次章でさらに詳しく話そう．ここでは，
ある閾（しきい）値以下ではノイズは何の影響をももたらさないことに注意しておけ
ば十分である．完全な正確さをもって「完璧」という言葉を使う機会は滅多にないが，
デジタル機械の中のノイズがその閾値以下であることを保証できればこの機器の動作
は文字通り完璧である．

2.2　複製と格納

　今私たちはアナログ信号やアナログ機器の世界における最初の重要な課題に遭遇し
ている．アナログ信号は，格納，読み取り，送信，増幅，または何らかの処理をされ
るたびに，ノイズによって不可避的に毀損される．ノイズの量を減らすことに細心の
注意を払うことはできても，ゼロにはできない．さらにその効果は非可逆的で，信号
を処理し続けると蓄積されていく．

　この現象は音声を編集する人にはとてもよく知られている．（デジタル以前の）昔，
歌をトラックごとに録音しそれらを合成してさらに他のトラックを付け足し，その結
果を抜き出すというようなことを続けると最終的には使いものにならない品質のもの
になってしまっていた．処理のすべての段階ごとにノイズが加わり，たとえばアナ
ログテープの機械を使って 10 段階や 20 段階の処理を行うと，音声的に言えば泥沼
の状態に陥る．音声信号の各値にビットの 0 や 1 を十分に使えば，デジタル編集は

この制限を受けない.

2.3 ノイズの源泉

ノイズは避けられないと言ってきたがそれはなぜなのか, そもそもノイズはどこから来るのかをまだ説明していない. 物理システムにおけるノイズ発生の仕方は実にさまざまで, その本質や必然性についての質問は深いものになる. この先徐々にその答えを見出していこう.

最も簡単な開始点は, 世界は分子, 原子, 粒子がつねに攪拌(かくはん)された状態で成り立っているという事実である. 一目瞭然というわけではないが, 超解像度顕微鏡で, 暖かい夏の土の上の穏やかな草原の空気や, 静かな水たまりの水や, さらにその水たまりの石まで調べることができれば, 分子が絶えず跳ね回っているのが見られるだろう. 温度が高ければ高いほど, 組成している粒子の振動は速くなる. この攪拌が私たちの見ている信号を毀損するとき, これを**熱雑音** (*thermal noise*)[2] と呼ぶ. これは最も基本的で理解しやすい種類のノイズである.

熱雑音は, 物質が離散的であるという最初の直接的な証拠を与え, 物質の原子論がきっちりと確立されるには 100 年近くかかった. 1827 年, スコットランド人の植物学者ロバート・ブラウンは水中に浮かんだ花粉の中に閉じ込められた微粒子のランダムな動きを観察した. これは以前から他の人も気づいていたが, 彼はこの現象をとても注意深く研究し, 当初考えていたような花粉中のどの生命力にもよるものではないことを示した. その後, 数十年にわたってこの現在「ブラウン運動」と呼ばれるものが, さらに, はるかに小さな水分子による微粒子の絶え間ない衝突によって引き起こされていることが示された. アルベルト・アインシュタインが彼の奇跡の年である 1905 年にブラウン運動を説明する数学理論を提唱し, ジャン・バティスト・ペランはこのアインシュタインの理論を実験で検証し, 1926 年にノーベル物理学賞を受賞した[3].

2.4 電子機器の熱雑音

　私たちは電圧と電流で表される電子製品の信号とノイズをかなり頻繁に扱う．抵抗器のような電子部品はごく自然に熱雑音を発生させ，各部品の寄与する強度はその温度に比例する．この場合，熱擾乱（ねつじょうらん，thermal agitation）の対象になるのは電子のような電荷キャリアーである．

　アナログ電子回路の典型的な例を挙げよう．アナログラジオの受信機は，ボルト単位で測られるラウドスピーカーを鳴らすために，マイクロボルト単位で測られる[4]アンテナに届いた信号を増幅する一連の段階からなる．このように，ラジオ受信機のアンプは，信号をたやすく 100 万倍の大きさに増やすことができる．するとアンテナによって受信される信号（無線周波数（RF）信号）を乱すノイズは最大限に増幅される．このためアナログ機器（前端）の最も初期の段階でノイズを制御することが最重要になる．読者が十分に歳をとっていれば放送信号を受信するアナログテレビの画像に"雪"が降るのを見たことがあるかもしれない．それは信号がアンテナに到達しそして増幅される初期段階において，付加されたノイズの現れである．

　天文学者たちは，撮像システムが電波信号を集めているのか光学信号を集めているのか，それらを区別するためにノイズを最小限にすることに大変気をもんでいる．そのため，液体窒素やヘリウムを使って電子検出器を極低温に冷却するのは，彼らにとってごく一般的なことなのである．

2.5 電子機器の他のノイズ

　電子機器のノイズは熱雑音だけではない．**ショットノイズ**（*shot noise*）が発生するのは，電気の流れが通常は電子という離散的な粒子によって運ばれ，したがって光線での光子の到着や，砂時計での砂の落下のように粒子的だからである．もちろんほとんどの場合，各電子の電荷はとても小さいのでその粒度に気がつくことはない．たとえば明るい白熱電球で使われる 1 アンペアの電流は毎秒約 6×10^{18} 個の電子からなっている．これは地球上すべての人間 1 人当たり毎秒約 10 億個の電子に相当する．

ショットノイズの粒度は電子の固定電荷によって決まるため，電流が小さいほどショットノイズの**相対的な**サイズは大きくなる．集積回路トランジスターの電流は，上記の電球の1アンペアよりもはるかに小さく，マイクロアンペア（10^{-6}），ナノアンペア（10^{-9}），あるいはピコアンペア（10^{-12}）で測定されるかもしれない．するとそのような電流は電源の電子の奔流からは程遠く「トタン屋根にばらばらと降る雨」のようなものだろう[5]．Horowitz and Hill（ホロウィッツとヒル）(1980) は電流が1ピコアンペアの例でこの点を描いている．この場合ショットノイズの相対的なサイズは5%を超え，これは無視できるほどではなく，かなり破滅的な可能性がある[6]．

　電子機器に現れるノイズの一種に**バーストノイズ**がある．これは電圧や電流が，突然ランダムに跳ね上がるように現れるノイズである．スピーカーでポップコーンを作るときのような音がするので「ポップコーン」ノイズとも呼ばれる．この種のノイズの原因は複数あるが半導体デバイスの欠陥，とくに半導体結晶の欠陥に起因しているとされてきた．バーストノイズは製造プロセスでの品質管理や製造後の検査でとくにノイズの多いデバイスを排除することで最小限にできる．ある意味，このノイズ源は熱雑音やショットノイズほど根源的なものではない．

　最後に **$1/f$ノイズ**，あるいは**フリッカーノイズ**，**ピンクノイズと呼ばれるもの**を説明しよう．これは今まで述べてきたものよりも説明が難しいが，それにもかかわらず重要であり，やっかいになる可能性がある．このために**スペクトル**あるいは**パワースペクトル**の概念を導入する必要がある．信号やノイズはそれらを構成している周波数（構成周波数）からなっていると考えることができる．たとえば旧式ラジオのダイヤルはそのラジオが受信できる電磁波の周波数を示している．プリズムは，すべての周波数を同じ量で含んでいる白色光を，ラジオのダイヤルのように直線的に広がる構成周波数（色）の虹に分解する．赤は可視スペクトルの低周波端で，紫は高周波端である．

　熱雑音（発見者にならってジョンソンノイズとも言う）は「白色」である．そのスペクトルは平らである．つまりすべての周波数は均等に現れている．実際どの信号やノイズも異なった周波数の組み合わせと考えることができるという概念（フーリエ解析）はとても一般的で基本的なものであり，科学技術の多くの分野で不可欠なツールである．フーリエ解析は熱がどのように拡散するかという重要な問題を解くのにこれ

を使った**ジャン・バティスト・ジョゼフ・フーリエ**にちなんで名づけられた．特定の波形を構成周波数に分解できるという概念はこの仕事のかなり前からあった．しかしフーリエは厳密には正当化されていなかったにせよ，**どんな**波形もその構成周波数に分解できるという仮定への重要な飛躍を遂げた．第 6 章で信号処理を議論する際に再びフーリエ解析に触れよう．

さてジョンソンが 1920 年代半ばに熱雑音を計測したとき，低周波数帯の余分なノイズパワーに気がついた．今日この追加の寄与は，熱雑音に追加されるため，**過剰ノイズ**（*excess noise*）と呼ばれることもある．彼は低周波数でのこの過剰ノイズのパワーが周波数に反比例していることを発見した．したがって，このノイズを **$1/f$ ノイズ**と呼ぶ．f は周波数である．これは各周波数ディケード$^\text{d}$でのパワーが同じであることを意味している．つまり 100 Hz ～ 1,000 Hz の総パワーは，10 Hz ～ 100 Hz，1 Hz ～ 10 Hz などの総パワーと同じである．このような周波数分布を持った光はピンクに見えるので別名**ピンクノイズ**と呼ばれる．各ディケードが同じ総パワーを持つという事実の 1 つの見方は，ランダム性がすべてのタイムスケールで起きるということである．つまり，とても遅いものからとても速いものまであらゆる速度で変化するノイズ成分があるということである．

$1/f$ ノイズを考えることは興味深い謎かけをもたらす．もしより低い周波数ですべてのパワーを足し合わせると無限大になるのである！ これは**赤外発散**（*infrared catastrophe*）とも呼ばれる．なぜこれが正しいのかは，各周波数ディケードで同じパワーがあるという事実からとても簡単に分かる．100 Hz ～ 10 Hz のディケードが，ある一定のパワー（P としよう）を含んでいるとしよう（この議論はどの周波数からも始められる）．ここでこれに 10 Hz ～ 1 Hz のパワーを足そう．すると $2P$ になる．さらに 1 Hz ～ 0.1 Hz のパワーを足すと $3P$ になる．パワースペクトルが 0 になるまで本当に $1/f$ で続くのであれば，このプロセスは無限に続くことができ，したがって総パワーは際限なく大きくなる．これにはとても当惑させられる…．無害に見える $1/f$ ノイズを持った小さな抵抗器が，どうして無限のノイズパワーを作り出すことができるのだろうか？

$^\text{d}$ 訳注：10 の倍数での周波数間隔．

周波数を上げながら全パワーを足していくと，同じ問題，**紫外発散**（*ultraviolet catastrophe*）が起こることに注意されたい．しかし現実のシステムでの途方もない高周波は物理的な理由によって簡単に片付けることができる（1つには，私たちは皆，放射能で殺されるだろう）．一方，極低周波数の存在を片付けるのはより難しい．

　低周波で $1/f$ のように振る舞うパワースペクトルがエレクトロニクスだけではなく広範囲の分野で現れ始めたため，この謎は広く注目された．たとえばMilotti（ミロッティ）（2001）やPress（プレス）（1978）による優れた概説論文は，バミューダの海流速度，海面水位，地震，太陽の黒点数，クエーサーの光曲線[7]，およびスコット・ジョプリンのピアノによるラグタイム[e]，クラシック音楽，ロック，ニュースやトーク番組など，音声と音楽両方の放送での音量や音の高低で計測された密接に関連するスペクトルを説明している[8]．

　物理学者や数学者が一見関係のない領域で現れる同じ種類の挙動を観察するとき彼らは笑みを浮かべてそれらの根底にある説明を探し始める．Milotti（2001）が言うように「ベキ乗則（power laws）の出現は … それらどこにでもあるスペクトルの中にはもっと深い何かが隠されていることを示しているように見える．」Press（1978）は3つの異なる電子機器（カーボン抵抗，ゲルマニウムダイオード，真空管）における $1/f$ ノイズのスペクトルをグラフにして次のように言っている．「［図について］恐ろしいのはそこに示されたノイズスペクトルが，計測された最小の周波数においても，美しいベキ乗則に従って依然として増加していることである．」どれほど恐ろしいのかは分からないが，極低周波数でパワーが増加し続けるということはノイズがとても長い期間にわたって相関していることを意味する．それでも多くの異なる分野においてさらに長い長い時間（さらに低い低い周波数に相当）にわたって注意深く測定しても，周波数がゼロに近づくにつれてスペクトルが横ばい状態になることを示していない．謎は残るのである．（たとえば）抵抗は数週間や数ヶ月にわたる電圧変動の中でその位置をどのようにして覚えているのだろうか？

　Milotti（2001）もPress（1978）も，$1/f$ ノイズが深い一般的な説明を持ってい

---

[e] 訳注：米国ポピュラー音楽の一分野．シンコペーションを特徴とし，スコット・ジョプリンは「ラグタイム王」と呼ばれるほどこの分野で有名なピアニスト．

るかどうかについて結論を出していない．ミロッティは，少し拍子抜けの感があるが次のようにうまくまとめている．「私の印象では，1/f ノイズの背後に本当の謎はなく，本当の普遍性もない．そしてほとんどの場合，観測された 1/f ノイズは，美しいその場限りのモデルで説明されてきた.」

ノイズの世界へのこのちょっとした散策の目的は，物理世界におけるノイズが不可避のものであるということを確信してもらう，あるいは確信し始めてもらうことである．後にその証拠を積み重ねていくが，これでアナログ形式で情報を扱うのを，ノイズがどのように難しくするのかを確認する準備ができた．

2.6 デジタル免疫性

「ソフトウェア腐敗症（software rot)」は印象的で技術的な隠語だが，もちろんソフトウェアは腐敗しない．それはテキストであり，シェークスピアの戯曲と同様，腐敗することはない．使用方法，うっかりした変更，もしくは，結果を十分に考慮せずに変更したりするとソフトウェアが誤動作したり性能が落ちたりする原因になりうる．しかし，同じソフトウェアを同じ機械に同じ初期状態でロードすれば，それはいつも同じ動作をする．つまり**決定的に**（deterministically）動くのである．後にノイズや，量子力学のより基本的な現象によって，世界自体は決定的には動作しないことが分かる．非決定的な世界において，実用的な目的のために，決定的なことを行うことができるというのは，実に驚くべきことである．

ソフトウェアとテキストはデジタル形式の情報例で，完全に保存，送信，取得できる．このような証明されていない言説に異を唱える人がいるかもしれない．結局，たとえばソリッドステートメモリー（固体回路記憶装置）内のすべての分子が突然隣の部屋に迷い込む可能性はごくわずかで，これが人生の中で起きる確率は小数点以下いくつものゼロが続くもので驚異的なことである．さらに，冗長性や，第 7 章でより詳しく説明するある種のさらに気の利いた符号化（もちろん費用はかかるが）を導入することで，データが破損される確率を最小限に抑えることができる．このため，より正確にはデジタル情報を失う可能性をほとんどなくすことができるといえる．

さて最終的にはどんな媒体も劣化するため，保存されているデータは長期的には必

ず失われる．しかしデジタルデータは完全に複製できるので，多くの場合，新たに発明された未使用の媒体に転送できる．1970 年代初めにプリンストン大学で，当時「ミニコンピューター」（具体的には Hewlett-Packard 2100A）と呼ばれていたもののために書かれた A-D 変換や D-A 変換のプログラムを思い出す．このマシーンの標準のプログラムの入出力媒体は紙テープだった．フロッピーディスクはまだなかった．さてこのマシーンは巨大なデジタルテープドライブを使い音楽の D-A 変換にほぼ専用で使われていたが，変換プログラムはいつも紙テープリーダーから読み込まれていた [9]．紙テープは … 紙からできている．文字通り擦り減ったり破れたりするために，多くのバックアップテープがいつも手元にあった．マイラーテープ [f] は寿命を大幅に改善した．それはほとんど破損しなそうに見え（私はそれを手で破ることはできなかった），そのときのプログラムのコピーはいまだに残っている．もちろんそのようなプログラムを今日使いたいとすれば紙テープリーダーを見つけそのテープの中身を現代的なメディアに移したいと思うだろう．しかしいざとなれば，苦し紛れだが穴の直径が 1.83mm なので目の子で簡単に読み取ることができるだろう [10]．

　数十年にわたる媒体から次の媒体への一連の変遷を思い描くことができる．紙テープからマイラーテープへ，フロッピーディスク，コンパクトディスク，フラッシュドライブ，DNA へ，そしてまだ誰も知らない次のものへと変遷する．しかし，保存されたプログラムのコードはまったく同じままだろう．

　本質的に破損しないデジタル信号の利点のもう 1 つの例であるテレビを考えてみよう．最近，私たちはケーブルや衛星信号によって私たちの家庭に届くデジタル画像に慣らされてしまっている．ビット群は正しく届くか届かないかのどちらかである．うまくいくときには実際に本当に素晴らしくうまくいくが，うまくいかないときは通常壊滅的でいつもサービスプロバイダーに電話しなければならない．アナログテレビは消え去りつつある．しかし蔵をとった読者はゴースト（多重像，オリジナル画像から位置がずれたより微かな画像）や画面のちらつき，上で議論した熱雑音のビデオ版の表出などとの終わりのない闘いを思い出すことだろう．AM ラジオの雑音や LP レコードの音割れや音飛び，FM 受信の端っこのヒスが，リスニングライフの中で避け

---

[f] 訳注：マイラーテープはポリエステルテープのこと．マイラーはデュポン社のポリエステル素材の商品名．

られない部分だったのはそんなに昔の話ではない.

　ところで動画や音声信号の放送はストレージの一形態と考える事ができる. つまり信号は電磁波に格納され受信者によって取り出されるのである. 電波がほんの一瞬でどこにでも届くこの地球ではこれは突飛な解釈に見えるかもしれない. しかし光速で伝わる電波信号は地球から土星に到達するのに平均およそ 79 分かかる. これはベートーベンの第 9 交響曲の放送が, (アナログの) ヴァイナル盤レコードや (デジタルの) CD の替わりに宇宙空間での電磁波の形で格納され, 地球と土星の間の空間に引き延ばされることを意味する. このファンタジーは私たちが CD レートで確実に送信と受信をするのに十分な電力と大きなアンテナを持っていることが前提だが, これは NASA に任せよう. ところで光は 1 秒間に 186,000 マイル(297,600 キロメートル)伝達し, コンパクトディスクのデータレートは 1 秒間に 176,400 バイトである. したがって地球と土星の間で延ばされた交響曲は 1 マイル (約 1.6km) ごとにちょうど 1 バイト程度使うだろう [11].

　もちろんデジタル信号の純度についての究極の例はこの現代社会のいたるところにある. そう呼ぶかどうかは別にして本質的にコンピューターであるすべての機器の中にある. あなたのデスクトップ, ラップトップ, スマートフォン, デジタル時計, GPS 追跡機, 自動運転のエンジン制御ユニット, デジタルカメラは, すべてデジタル情報を処理し, 本質的にいかなる (ハードウェアの) エラーも起こさずに 1 秒間に数百万もの論理操作を行っている.

2.7 アナログの腐敗

　アナログ処理は違った話である. アナログ信号の情報は物理量で表され, 物理量はいつもある種の劣化に従わなければならない. ここで物理量は電圧, 電流, ゼラチン (フィルム) のハロゲン化銀結晶, 電磁波, シェラック盤やヴァイナル盤レコードの溝, テープ上の酸化鉄の磁化された粒子, つまり今日や過去に多くの媒体で使われた上記のものである. 同じようにアナログ情報を 1 つの機械から他のものに変換するのに使う機械もいつも実世界の不完全性に従わなければならない. 蓄音機のターンテーブルは, モーターとテーブルが, つねになんらかつながっているためのガラガラ音や,

速度が決して完璧でないことからくる低音部の周波数変動（ワウ[g]）や，針が溝を完璧になぞることが決してないことからの歪みや，60サイクルの電力線と低レベルのオーディオケーブルなどなどからくるハミングなどをつけ加える．

　2.4節や2.5節での電気的なノイズに関する議論は，アナログノイズの最も顕著で一般的で共通な現れ方を描いているが，すべてのアナログ信号が基本的には毀損される運命にあるという事実を見逃してはならない．好例として，多くの初期の映画，とくに無声映画は，残されたフィルムの劣化によって完全に失われた．実際1950年代に使用された硝酸塩フィルム在庫は，極度に発火性があり適切に貯蔵され扱われないとまったくもって危険な代物であった．どんな種類のアナログ信号もいったんノイズによって毀損されるとその損傷は一般的には非可逆的である．フォノグラフレコードの傷をある種のフィルターで，あるいは傷ついた映画にパッチを当てて，それらの影響を改善することも可能かもしれないが，累積した摩損や老化の影響は，つねに永続的なものである．古い音楽の録音や映画フィルムの修復の問題は，広範囲にそしてある種論争を呼ぶ論点であり後ほどデジタル信号処理を議論するときに詳しく述べよう．

　私たちの主たる課題に戻る前に……

2.8　補足

　私たちが一般的な考え方や究極のトレンドを扱っており，どの特定の時代のどの特定の応用分野の詳細をも扱っていないことは明らかであってほしい．（蓄音機の針がレコードをすり減らすので一度も再生されたことのない）ヴァイナル盤レコードや，40ポンド（約18 kg）の変圧器を駆動する一対の金色の出力管を持ったアナログアンプによって，今まで聞いたこともないような最良の音を得られる最先端のシステムを持っているオーディオマニアとは議論できない．あるいは門外漢には難解であるか，または別の理由で，デジタルカメラでは撮ることのできない景色をフィルムに写し取る写真家とも．いつでもアナログコンピューターがどんなデジタルコンピューターも

---

[g] 訳注：テープ再生のときに，速さの変動に伴った再生周波数信号のゆらぎをワウ・フラッター（Wow and flutter）という．低周波数の変動をワウという．

凌駕する分野がいくつかありさえするかもしれない．また高度に進化したアンティークな機械の審美的な魅力を否定もできない．すでにそれについては認めているし，すぐにでもそれに屈してしまう．しかし技術は進歩しており，本書での主たる目的は，なぜデジタル情報処理が，アナログの代替に対して勝利を収めているのか，そして多分そのことが続いていくことを説明することである．しかし，第Ⅲ部では，少なくともいくつかの重大な問題に対して，最終的な勝利がアナログ機械にもたらされるかもしれないというかなり思索的だが面白い概念を調べることに注意されたい．

またデジタル形式で記録されたデータは不滅であるという主張が正当であることも示そう．これはデータを（多分新しい媒体に）リフレッシュするプログラムがある場合にのみ正しい．なぜならすべてのデータは最終的には物理的な媒体に記録され，それ故に老朽化にさらされるからである．さらにそのようなリフレッシュを伴う移行はすべての元の情報を保持している**ビット忠実**（bit faithful）と呼ばれるものでなければならない．これはいつもそうとは限らないのである．たとえばコンパクトディスクはその表面に傷がついても演奏できるように余剰なビットを使って符号化されている．もし複製されたものの複製を不完全に無限に複製していけば究極にはすべてを失うことになる．しかしある程度簡単に符号化する方法があることはデジタルの考えの強みの1つであり，第7章で見るように近代のデジタルコミュニケーションを可能にしている．

第3章

信号の標準化

3.1 回想

　プリンストン大学で，1960 年代，アーサー・ロー教授の部屋は私の部屋からホールを少し奥に行ったところだった．私は彼が今何に夢中になっているのかを見るために時々その部屋に立ち寄っていた．彼は深い人，考える人という評判で，若い新人と話すのをいつも楽しみにしていた．パイプをくゆらし，煙の青い霞の中からこちらを見つめるのが常だった．彼の重要な才能は，一見複雑な問題を単純で優雅な形にまで突き詰めることだった．彼はデジタルコンピューターを可能にする 2 つの原理について私に話した．それらは**信号の標準化**と**制御の方向性**であった．これらは現在では「明白なこと」と考えられているかもしれないが，この時代はコンピューターにとって初期の形成期であり何も明らかではなかった．それ以来ずっと，私はこれらのアイデアを喜んで持ち続けている[1]．

3.2 1 と 0

　デジタル媒体を**定義する性質**とは，情報を保持する信号が単に離散的な数値のみを取れることである．この場合単純なほど良い．そして実際に 2 つの異なる値の**ビット**（bit）のみを取れることが分かる．ビットは慣例的には，文脈によって "1" と "0" だったり，"真" と "偽" だったり，あるいは "ON" と "OFF" のように呼ばれる．これらはしばしば**論理値**と呼ばれ，物理量を表すアナログ値から区別される．現実の電子回路では，真や偽は 5 ボルトと 0 ボルトの間，あるいは +2 ボルトと −2 ボルトの間の特定の点で表されているかもしれない．確実に区別できる 2 つの異なる値を使う限りはどちらでもよい．このことは，コンピューターサイエンティストたちが

10 本の指ではなく 2 本の指で数を数え，10 進数ではなく 2 進数を用いる理由である．デジタル技術は，またこの技術がアナログ技術に比べて圧倒的に優れている理由は，信号が離散的な 2 値を取ることに由来している．3 進数でも 17 進数でも機能するが，それほど優雅ではない．

　しかしある状況下において，可能な値が 2 つだけということには実用上の利点がある．そのようにすればビットを表すのにある物理的な信号における "正" と "負" の値を使うことができる．あるいは，ある信号が "存在する" か "存在しない" かということさえ用いることができる．

　問題の核心はアナログとデジタルが出会うところにある．"実世界" はアナログであり[2]，そのため信号が 2 つの可能な値だけしか取り得ないことをどのように保証できるのだろうか？　この答えは**信号の標準化** (*signal standardization*)[3] と呼ばれる当たり前のプロセスの中に見つけられる．ある典型的な電子回路の中で，額面上 TRUE が 5 ボルト，FALSE が 0 ボルトでビットが表現されているとしよう．これらはアナログ値であり，知っての通りそれらは電子的ノイズによって毀損される．あるときには TRUE 信号は実際 5.037 ボルトかもしれないし，別のときには 4.907 ボルトかもしれない．FALSE 信号は，あるときには 0.026 ボルトで，別のときには 0.054 ボルトかもしれない．このような値を扱う回路は**デジタル論理回路**と呼ばれ，0 ボルトに近い値を 0 ボルトに，5 ボルトに近い値を 5 ボルトにするという絶対的に重要な性質を持っている．回路を進むにつれて，信号が**標準化される**効果を持つのである．これは，論理値 TRUE を持つことを意味する信号はいつも 5 ボルトに十分近い電圧で，0 ボルトを意味する信号からは区別されるように表現されており，その反対も然りであるという意味である．

　どの特定のコンピューターをとっても，標準化の実装方法はコンピューターの種類によって変わる．今日のほとんどのコンピューターは電子的で，信号を標準化する回路は単純に，真ん中の 2.5 ボルトより上の電圧は 5 ボルトに向けて押し上げ，2.5 ボルトより小さいものは 0 ボルトに向けて押し下げる（このようにして 5 ボルトは "TRUE" で 0 ボルトは "FALSE" であるという私たちの例は保たれている）．間違いが起きるとすれば，回路のどこかでノイズが 2.5 ボルトより大きくなることである．しかし普通の電子回路では，平均的なノイズの偏位は 100 万分の 1 ボルト程度なので，

これが起きる可能性は限りなく小さい.

　デジタルコンピューターは，歯車とかカム，あるいは，たとえば空気や水のような液体を運ぶチューブなどの機械部品から成り立っている．しかし原理は同じである．つまり論理値は，段階ごとに，あるいは，おそらく数段階ごとに標準化されなければならない．そのため実用的には，信号は離散的な値をとっているとつねに考えることができる．

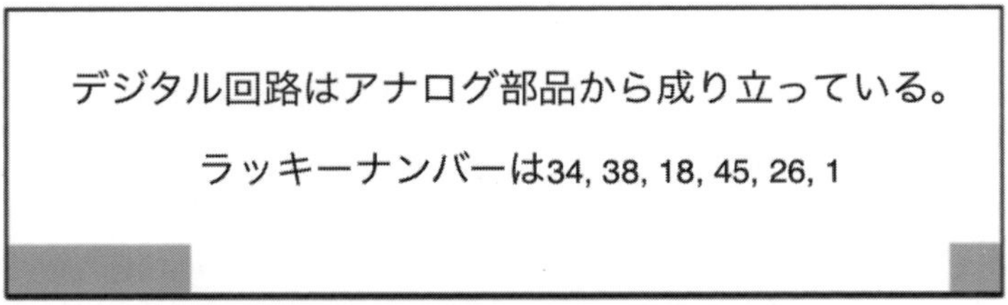

デジタル回路はアナログ部品から成り立っている。

ラッキーナンバーは34, 38, 18, 45, 26, 1

図 3.1　中華レストランのフォーチュンクッキー [a] で実際にこの運勢を手にした.

　本節の本質は図 3.1 に示されているメッセージに表現されている．その形而上学的な解釈は，もしあるとすればそれは読者に委ねよう．

3.3 制御の方向性

　ここまで説明なしに，論理信号はデジタルコンピューターの中を，段階ごとに 1 つの方向に伝わるとした．これはコンピューターが動くために信号を伝える要素が持たなければならない 2 番目の重大な性質を提示している．つまり信号は**一方向**でなければならない．**制御要素**は**被制御要素**を制御しなければならない．決してその反対ではないのである．

　この図式によると，デジタルコンピューターをゲートと呼ばれる互いに接続された要素のネットワークとして描くことができる．ゲートは，各々が入力と呼ばれる制御論理信号（各々が TRUE か FALSE である）を持ち，出力と呼ばれる被制御論理信号を決定している．これは，制御がそれ自身ループして元に戻ることができないと言

---

[a] 訳注：米国の中華レストランで食事の最後に出てくるおみくじの入ったクッキーのこと.

っているわけではない．ゲート A はゲート B を，ゲート B はゲート C を制御し，これが回り回ってゲート A を制御することが確かにあるかもしれない．しかし各ゲートはその入力からその出力を決定し，各ゲートの出力は他のゲートの入力のみを制御できるのである．

3.4 ゲート

　一般に使われるゲートは常識的で，簡単に理解できる．たとえば AND ゲートは 2 つの入力と 1 つの出力を持つ．そして出力は，両方の入力が ON のとき，そしてそのときに限り ON である．ここでは，違った種類のゲートについて，いかなる詳細についても，それらがインターネットブラウザーや音声合成のような興味深いものすべてを構築するのにどのように使われるかにも踏み込む必要はない．むしろデジタルコンピューターを可能にしている数少ないとても単純な構造原理，つまり信号の標準化，制御の方向性，そして信号の変化が許可される**とき**の厳密な制御（クロッキング）といったようなものに集中しよう．

　しかし複雑なゲートを特定のアプリケーションごとに何千種類も作らなければならないという潜在的な問題について心配する必要がある．この問題を**モジュール性**（*modularity*）の原則によって避けよう．これはすべてのコンピューターサイエンティストの核心に触れるものである．この原則なしでは，今日使っている複雑なデジタルコンピューターを構成することは現実的に不可能だろう．コンピューターはレイヤー（層）の上にレイヤーを重ね，ほんの少しの単純な抽象化したものを用いて構築されているモジュール構成の階層化として組織化される．そして最下層では，**バルブ**（*valve*）を使うことができると分かる．これは，水道の蛇口をひねるたびに使うものであり，通常，抽象的な言葉では考えないような行為である．スマートフォンのスマートな部分を作るのに必要なものすべてが（10 億か 20 億個の！）同一部品だけからなる 1 つの箱であるという考えに喜びを感じるなら，あなたは本質的にコンピューターサイエンティストである[4]．

　1 種類の部品からコンピューターを丸ごと作ることができるというのは，大雑把で，多分驚くべき主張だろう．たとえばロジックを段階から段階に進めることが必要なク

ロックや，将来の使用に備えて値を保持する必要のあるメモリーなどについて気になるかもしれない．しかし，これらもまたあるフィードバックの仕組みを使ってバルブで構成できるのである．この完全な説明は不必要な寄り道になるだろう．しかしデジタルコンピューターの基本的な部品としてのバルブの話は，もう少し詳細に触れる価値がある．なぜならそれは電子の発見に，そして，逆説的かもしれないが 20 世紀前半を形作った厳密にアナログ的な技術（ラジオ，テレビ，電話，レーダー，そして，すべての電子機器）の進展に密接に関係しているからである．

3.5 電子

　ほんの 100 年ちょっと前，1897 年に，J.J. トムソン卿が重要な論文を発表し，**陰極線** (*cathode rays*) と呼ばれる真空管中の電子の流れが，実際小さな "微粒子 (corpuscles)" の流れから成り立っており，これらの微粒子がすべての物質の基本構成要素であると示した [5]．すでにショットノイズに関連してこのことに触れたことを思い起こしてほしい．このときはほとんどすべてのものの離散的な性質が発見されつつある時代であった。この論文は一般的に電子の発見を発表したものとみなされており，次の数十年にわたって原子とその構造を解きほどくことにつながった．書かれて 1 世紀経った今日でさえ，この論文を読むのは楽しい．トムソンは実験上の不確実性との戦いを大変明確に述べており，彼の聡明さは全体を通して輝いている．

3.6 エジソンの電球の問題

　トムソンが研究した陰極線は次のように進展した．フィラメントは高熱に耐えられる物質，たとえばタングステンでできており，真空ガラス管の中で熱せられるとすると，電子はその表面から沸き出る．すなわち電子の熱エネルギーによって，通常はフィラメント中に閉じ込められている力から電子が逃れることができるのである．トーマス・アルバ・エジソンは，彼の電球を完成させようとした際に炭素フィラメントを使ったが，次の 2 つの問題に悩まされた．1 つは炭素が電球の中に堆積することだった．それは明らかにフィラメントから出た炭素によるものだった．もう 1 つはそれ

に付随した問題で，フィラメントが薄くなり破損することだった．最初の問題を軽減
する目的で，彼は電球の中にもう 1 つの要素を取り入れ，炭素の堆積を阻止しよう
としたのだ．際限のない実験の果てに，エジソンはフィラメントからこのもう 1 つ
の要素に電流が流れることを発見した．この現象は "エジソン効果" と呼ばれ，彼
は 1883 年にこの機器の特許を取得した．特別に作られた真空管の中での電流の流れ
に関連した他の研究があり，これらの真空管の発明は，一般には 1875 年ごろのウィ
リアム・クルックス卿によるものとされている．しかし電流の性質は，トムソンの輝
かしい 1897 年の論文までほとんど分からなかった．

　ジョン・アンブローズ・フレミングは，1904 年にエジソン効果を適用し，フィラ
メントの周りを正（+）に帯電した**陽極**（*anode*）である円筒状の極板で囲い，この
装置を使って新種の**二極真空管**（*diode*）を作った．そのような二極真空管を定義づ
ける性質は，電子がその中で一方向にのみ流れることができるというものである．こ
こではフィラメントから陽極への方向で，その反対方向には流れない．これはある意
味最初の "真空管" であり，ガラス管の中に 2 つの要素があるので二極管と呼ばれた．
今日では，**ダイオード**（*diode*）という言葉は固体素子デバイスを指しているが，半
世紀の間，ほとんどのダイオードは，このように熱したフィラメントを入れた真空ガ
ラス管を使って作られていた．

　フレミングの装置がダイオードとして，あるいは一方向バルブとして働く理由は簡
単に分かる．実際のところ，固体素子ダイオードが働く理由よりははるかに簡単であ
る．自由電子は熱いフィラメントから陽極に移動するときに電荷を運ぶことができる
が，反対方向にはまったく電荷を運ばない．上述したように，真空中で熱い金属から
電子を出すのは簡単だが，陽子はまったく別物なのである！[6]

3.7 ド・フォレストのオーディオン

　ほんの 2 年後の 1906 年，リー・ド・フォレストは次の段階に進んだ．彼は真空
管のフィラメントと陽極の間に**グリッド**と呼ばれるジグザグのワイヤー格子でできた
ものを第 3 の要素として入れ，フィラメントと陽極間の電流を制御するのに使用した．
彼はこの新しい 3 要素の装置を**オーディオン**（*audion*）と呼んだが，一般的な名前

は三極管（*triode*）になった．図3.2に示されている彼のもともとの特許に，この3つの要素の配置を見ることができる．後にグリッドはメッシュや，フィラメントで熱せられた**陰極**（*cathode*）を取り巻くコイルになり，この装置 ― 真空中の電子の流れを制御する金属要素を内包するガラス容器 ― は一般に**真空管**（*vacuum tube*），もしくは英国では**熱電子管**（*thermionic valve*）として知られることになった．

図3.2のド・フォレストの特許の図は，彼のオーディオンが，無線周波数増幅の1段階を持った無線受信機に当たるものとつながっていることを示している．実際この

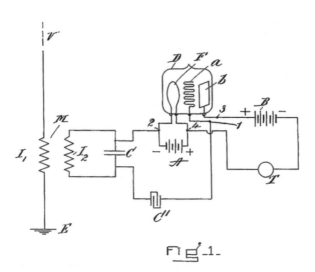

No. 879,532.　　　　　　　　　　　　PATENTED FEB. 18, 1908.

L. DE FOREST.
SPACE TELEGRAPHY.
APPLICATION FILED JAN. 29, 1907.

図3.2　三極管とも三要素真空管としても知られてきたオーディオンについてのド・フォレストの特許における主要な図．ここでは実際，三極管の検出器と増幅段階を持ったラジオ受信機が示されている．"減圧容器（evacuated vessel）" *D* の中の重要な新しい3番目の要素は "格子形の要素" *a* で，今は単純に "グリッド" と呼ばれている．それはフィラメント F から極板 *b* への電子の流れを制御する．アンテナ *V* とグラウンド *E*（アース）は左にあり，今日では "LC チューンされた回路" と呼ばれる I_2-C' に信号を運ぶラジオ周波数変成器 I_1-I_2 に渡す．最終的には出力（極板）回路は "電話受信機" *T* を持ち，それはラジオの初期には通常ヘッドフォンだった（De Forest（ド・フォレスト）(1908) による）．

オーディオン（とそれに関連したフィラメントと極板回路の組合せ）を単純なダイオードと置き換えれば，増幅のない無線受信機になる．それは，もちろん無線局から来る無線周波数のエネルギーは別にして，どんな外部の電力供給を受けなくても動くだろう．初期の時代，ダイオードは鉱石（方鉛鉱はとてもうまくいく）を据え付けて作られた．そのため繊細な先の尖った（"猫のヒゲ"と呼ばれた）ワイヤーで触れなければならなかった．そして 20 世紀の初頭に，何百万もの人たちが，そのような優美な単純さを持った"鉱石セット（crystal set）"という真に最小のラジオで，彼らの最初のラジオ放送を聞いたのだった．

ド・フォレストの特許に戻ろう．そこで彼はなぜ彼の機器がうまく働くのかを説明している[7]．

> 導電性物質 a の存在（前述のようにグリッド状かもしれない）が振動検知の感度を上げることを実験的に確かめた．この現象の説明はとても複雑でせいぜい暫定的にしかできないので，私が有望と信ずる説明を詳細にここで述べることはしない．

おそらく彼はあまりに詳細に説明するのは軽率だと考えたのか，もしくは本当にそのことについてははっきりとしていなかったのかもしれない．1 世紀以上もの科学の進歩による後知恵によって今日では，三極管がどのように動くのかは簡単に説明できる．つまり負の電圧がグリッドにかけられると，フィラメントから放出された電子はグリッドの周りの場によってはじかれ，陰極への到達が阻害される．一方，正の電圧がグリッドにかけられると電子は陰極に引きつけられ，それらはフィラメントから陰極に流れる．それ故に**バルブ**という用語なのである．グリッドは管を通る電流を制御する水道の水栓のハンドルととてもよく似た動きをするのである．

今日では真空管を見ることはないが，2 世代にわたってそれらは生活用品だった．どのラジオやテレビにとっても必須の部品だったのである．真空管は電球と同じように頻繁に焼き切れた．多くの町かどのドラッグストアには，お客さん自身が駄目になった真空管を見極めて取り替えることができるように真空管のテスターがあった．6SN7（人気のある双三極管，1 つのガラス球の中に 2 つの三極管がある）や 6SJ7（五

図 3.3 トランジスター以前の世界. 1920 年代から 1960 年代を代表する 6 つの真空管. 左から右に Cunningham CX345, 32 (GE), VR-105 (Hytron, 0C3-A とも), 6SN7 (Sylvania), 6BQ7A/6BZ7/6BS8 (RCA), 5636 (Sylvania, "エンジニア用サンプル" と印刷されている. 超小型). Cunningham は上から下までが $5\frac{1}{8}$ インチ[b] である (著者のガレージから).

極管, 5 つの要素を持っている) のような真空管の名称は, 今日における "8 メガピクセル" のディスプレイとか "16 GB" のハードディスクドライブと同じように一般的な用語であった. 図 3.3 は 40 年にわたる中でのいくつかの例を示しており, 第 I 部で目指している論点の 1 つ, それらが多かれ少なかれ (5 倍以内で) 同じサイズであることを表している.

　ド・フォレストのオーディオンは, 直接的にはコンピューターとほとんど関係ない理由であるがブレークスルーであった. 前述のように, 真空管は電気信号を**増幅する**ことに使うことができ, それは無線信号を捉えようとする際に雲泥の差をもたらした. このことは 20 世紀初頭に, 多くの人が最初に試みたものだったのである.

3.8 バルブとしての真空管

　現時点で私たちが真空管に興味があるのは, 真空管が信号を増幅するからではなく

---

[b] 訳注：1 インチは 2.54cm なので, $5\frac{1}{8}$ インチは約 13.02cm である.

コンピューターを作るために使うことができるからである．つまり真空管は，制御スイッチとして本当に文字通りバルブとして機能するのである．それ以上に，コンピューターを構成するのになぜバルブだけで十分なのかを説明する必要がある．

そのために，どのように真空管が情報を2値形式で操作できるのかを考えてみよう．本質的な点は，グリッドへの（負の電圧の形での）入力信号の存在が管の中での電流を止め，一方グリッドの電流に対して負の電圧がなければ電流が管に流れることである．すなわち電流はグリッドの電圧によって制御されている．これはちょうど蛇口を通る水流がハンドルによって制御されるのと同じである．ここで管の極板に電圧が与えられなければどの時点でも電流は流れないことに注意されたい．結局，台所のシンクに水道がつながっていなければ水は決して流れないのである．極板に適用された電圧を INPUT 論理値として，グリッドに適用された電圧を CONTROL 論理値として考えよう．管を通る電流は OUTPUT 信号として与えられる．すなわちこの電流の途中の抵抗に触ることによって，電圧の形でこの OUTPUT 信号を得る．したがって，INPUT が ON で CONTROL が OFF のとき，そしてそのときに限り OUTPUT が ON となることが真になるように調整できる．これがバルブを抽象化するのに必要なすべてである．シェーファーは図3.4に示されている簡単なシンボルを用いている．

真空管のバルブの場合には，回路の詳細を詰める必要があり，それにより極板回路から出力される電圧を適切な制御信号として使うことができる．これは負のグリッド

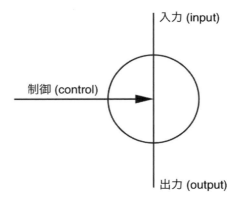

図 3.4 抽象化された理想的なバルブに対する記号（Shaffer（シェーファー）（1988）p. 5による）．

電圧に対して ON の値を当てる必要があることを意味しており，上で述べたように負のグリッド電圧は管の電流を止める．そしてゼロのグリッド電圧に OFF の値を当てる必要があり，ゼロのグリッド電圧は管を通して電流を流す．同様に極板回路のタップ電圧 [c] が適切な OUTPUT の信号に対応するようにしなければならない．すなわち，極板回路のタップ電圧はグリッドでの ON と OFF の信号に対応しなければならない．そして 1 つの段階での OUTPUT が，次の段階への CONTROL として働くのである．

　これらの電気的な議論は，電子回路を多少知っている読者にとっては明らかだろう．しかし，そうでない人たちにはさっぱりかもしれない．本章の締め括りに，バルブを別の方法で作ることを記述しよう．つまりスライド式カム，電磁石，気流，あるいは半導体を使い，蛇口の水流がハンドルによって制御されるように，電流がグリッド電圧で制御されるようにするのである．これによって，ここで議論していることが明らかになるだろう．バルブとして機能することができる機器を作るのにたくさんの方法があり，状況によってあるものは他のものより良いだろう．しかし，どの種類のバルブもデジタルコンピューターの基本構成要素として考えることができるのである．したがって原則的には，電気の代わりに空気や水，もしくは機械的な部品を使って動作するコンピューターを作ることができる．図 3.5 はスライド式カムを上記のように用いたバルブを示している．理論的にはこれらを用いて完全に機械式のコンピューターを作ることができるが，ここでそれを試みることはやめておこう．

　真空管に代わるより実用的な手段を議論する前に，いくつか足りない部分を埋めなければならない．バルブを使って，必要なすべての論理操作を実行し，メモリーを構成し，論理ゲートやメモリーを協調させるのに必要なクロックを提供することができることを示そう．

---

[c] 訳注：タップとは，出力電圧を変える機構の総称で，タップ電圧とは，そのタップに接続すると出力される電圧のこと．

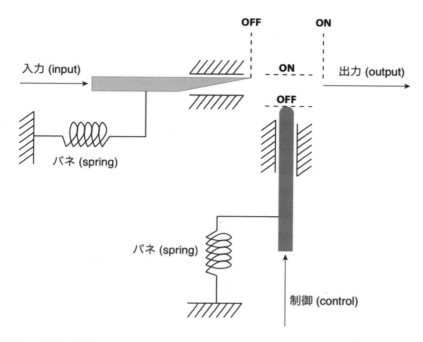

図 3.5 純粋に機械的なバルブの試み．入力が ON で制御（control）が OFF のとき，そしてそのときに限り入力の棒は出力の ON の位置に到達する．入力の棒が ON で制御棒が OFF から ON まで押されると，入力の棒は OFF の位置まで後退する．

3.9 残りの論理素子

　近代のデジタルコンピューターは階層的なレイヤーで構築される．ここで，バルブ以外に何もない状態から始めたときに，次のレイヤーがどうなるのかを見ることにしよう．これは物事を組織化する唯一の方法ではないが 1 つの方法である．

　基本的な構成ブロックとしてバルブでいっぱいになった箱から始めると，次のステップは 3 つの基本的な論理操作を代表する 3 種類のゲート，NOT ゲート，AND ゲート，OR ゲートを構成することである．NOT ゲートは 1 つの入力と 1 つの出力を持ち，AND ゲートと OR ゲートは 2 つの入力と 1 つの出力を持つ．それらの動作は，どの（プログラミング）言語の使い方とも自然に対応している．X が 2 つの値をとる

（2値の）デジタル値とすると，NOT X は，X が FALSE のときに TRUE であり，その反対も然りである．Y がもう 1 つの信号とすると，X AND Y は，X と Y が TRUE のとき，そしてそのときに限り TRUE である．X OR Y は，X が TRUE か Y が TRUE，もしくは両方とも TRUE のとき，そしてそのときに限り TRUE である．

　NOT ゲートをただ 1 つのバルブで作ることができる．バルブの**制御**線をゲートの**入力**と考え，バルブの出力をゲートの出力と単純に考える．そして，バルブの**入力**線を永久に ON とする．

　もしこれが紛らわしいなら次のように考えよう．バルブを箱の中に入れ，中に何があるのか見えないようにしよう．そして箱そのものを 1 つの入力と 1 つの出力を持つゲートと考えよう[8]．何が起きているのか見ることができない箱の中では，ゲートの入力をバルブの制御線に，ゲートの出力をバルブの出力線に，そして（電子部品，電池による）永久的な TRUE をバルブの入力線につなぐのである．

　もしもっと形式的で代数的にしたいのならこれを考える 3 つ目の方法がある．バルブは 出力 =（NOT 制御）AND 入力 という関係で定義されている．入力がつねに TRUE ならば 出力 = NOT 制御 となり，これは NOT ゲートである．

　AND ゲートを NOT ゲートと別のバルブを用いて構成する．新しいバルブの制御線をつなぐ前に，それを（上で構成した）NOT ゲートに通す．新しいバルブの出力は 出力 =（NOT 制御）AND 入力 の規則で決定される．ここで，NOT（NOT 制御）を適用しているが，これは制御と同じであるので，新しいバルブの出力は 出力 = 制御 AND 入力 であり，これは AND ゲートである．

　OR ゲートを構成するのは今では簡単である．X OR Y は NOT((NOT X) AND (NOT Y)) と同等である．すなわち両方とも FALSE であることが正しくないとき，そしてそのときに限り X OR Y は TRUE である[9]．したがって OR ゲートを 3 つの NOT ゲートと 1 つの AND ゲートで構成することができる．上で述べたように，これは唯一の方法ではない．良い方法ですらないかもしれないが，これは 1 つの方法であり原則を示したいだけである．

　この種の議論はコンピューターサイエンティストが考える典型的な方法である．このレイヤーにレイヤーを重ねていく構築方法は，下から命令セット，順序回路（したがって，1 つの命令が別の命令に続くのである），メモリーの階層（したがって，デ

ータは格納され，取り出される）などを作り，ブラウザー，ラップトップパソコン，スマートフォン，そしてそれより先へと続いていく．それを行うのは楽しいことだが，多くのコンピューターの入門書で扱われているので，ここでは扱わない．

3.10 クロックとドアベル

典型的には数十億個もの相互接続されたゲートの集合体の中で，各ゲートを勝手に動かせば，信号の影響が，特定の入力から特定のゲート群を介して特定の出力へと伝播する順序を制御することができなくなるだろう．混乱の極みである．この理由で，デジタル回路は通常ゲートを同期させる特別な信号を提供している．つまり各ゲートに，それへの最新の入力群から新しい出力を作成し，そしてそれに提供している入力をリフレッシュするタイミングを知らせるのである．このようにしてゲート群によって実行される論理ステップが**クロック**と呼ばれる共通のドラムで進行していくのである．**クロックスピード**という用語は私たちが毎日使うコンピューターの一般的な仕様になり，ほとんどよく知られた用語になった．今私がタイプしているこのコンピューターのチップは 3.4 GHz のクロックスピードを持っており，これはこのチップ上のゲートがそれらの入力から出力を決定するのを 1 秒間に 34 億回行うという意味である．

クロック信号を作成する 1 つの方法は時代遅れのドアベルの動作をまねることである．鉄芯の周りにワイヤーを巻いただけのコイルである電磁石は，電流がコイルを通して送られると磁界を作り出す．これが鉄の舌を引き寄せベルをたたく．同時に舌は接点から離れ，コイルの中の電流は切れる．そして舌を元の位置に返し，電流がまた流れ，上のプロセスをまた再開するのである．このようにして舌はベルをたたき続け，聞き慣れたドアベルの音を鳴らすのである．もしあなたが若すぎてこの種のドアベルを知らなくても，ブザーも同じように動作しているのである．

今ドアベルを論理的な機器として見るならば，それが ON（回路は閉じた位置である）のとき，それは OFF（回路は開く）の位置へと動き，これらの逆も然りである．これは論理的な逆説の物理的な実装である．つまり ON は OFF を意味し，OFF は ON を意味する．これを NOT ゲートの出力をその入力につなげることで構成できる．

このとき何が起こるかというと，その出力が ON と OFF の間で交互に代わり，その振動の時間は信号が入力から出力に行き，入力に戻るまでに要する時間によって決定される．この矛盾の物理的な現れは，このように永続するゆらぎあるいは振動であり，実際コンピューターの論理を "クロックする" ための時間の指標として使うことができるのである．

3.11 メモリー

最後に欠けているのは，今日のコンピューターのもう 1 つの一般的な仕様であるメモリーである．次に示すものは唯一の方法ではなく，アイデアを示しているものだということに再度注意されたい[10]．

今度は 2 つの NOT ゲートを直列につなぎ，2 番目の NOT ゲートの出力を最初のものの入力に戻す．この二重の NOT ゲートが 2 つの安定して首尾一貫した状態を持つことは簡単に分かる．それは最初のゲートが ON で 2 番目が OFF であるか，それらの反対である．どちらの場合にも，2 番目のゲートの出力は，その出力と一致する 1 番目のゲートの入力に返され，この 2 つのゲート対ではその状態が反対の状態に強制的にされるまで保たれる．ここでは，2 つのゲート対を 1 つの状態からもう 1 つの状態に変更する方法は議論しない．ただ「あぁ，これが記録する回路だ．これは情報を格納するのに使うことができる」というだけで十分である．

約束したように，すべてがバルブから構成される論理ゲートとクロックとメモリーを手にした．20 世紀の中頃に戻ってデジタルが勝利する理由を次に述べる前に，いくつかの電子的でないバルブをみることにしよう．

3.12 バルブを作る他の方法

真空管を電子的なバルブと考えるように言ってきたが，これは 20 世紀の最初の半世紀に劇的に文化を変えた．これらの温かく輝いている小さなバルブが次の 2 つの方法でそれを達成した．つまり 1 番目はアナログ機器として，2 番目はデジタル機器としてである．アナログへの応用は，アナログがふさわしい時代のラジオやテレビの

中に（そしてアナログコンピューターの中にさえ）典型的に見つけることができた．デジタルへの応用は私たちが初期のデジタルコンピューターと考えるものの中に見つけられる．真空管のこれら 2 つの役割は，1950 年代にはトランジスターにとって代わられた．最近ではシリコンのチップ上にみっちり詰め込まれていて，個々のトランジスターは小さすぎて顕微鏡なしでは見えない．

真空管のバルブがどのようにアナログ機器あるいはデジタル機器として機能することができたのかを理解するのは重要である．前者の場合，真空管は制御電圧を少し変えると出力電圧が少し変わる範囲で動作するが，それに比例してより広範囲で動作する．この場合,真空管は出力が入力に比例しているので**線形の**範囲で動作するという．これはオーディオやビデオのアンプ，さらにフィードバックが使われればオシレーターでも，真空管が果たす役割である．

真空管やその後のトランジスターのデジタル応用では，バルブはゲートとして使われ，これは入力，および出力信号が上述したように**標準化**されている．すなわち信号はどの時点でも許されているたった 2 つの値の 1 つにとても近く，そして注意深く保たれているのである．出力電圧は入力電圧と制御電圧に比例はしないが，それらの値によって 2 つの値の間で切り替わるので，これは明らかに線形の範囲での動作ではない．もっと具体的には,入力信号と制御信号が OFF か ON のどちらかのとき，(議論しているのがどの種類のゲートかによって）出力は OFF か ON である．

電磁石のリレー

必ずしもすべてのバルブが真空管やトランジスターのように汎用性に優れているわけではない．たとえば電磁石**リレー**は線形の範囲で動作することができない．その接点は，"開"か"閉"のどちらかであり，したがって出力が入力に比例できる中間のレンジはない．それは厳密にデジタルであり決してアナログではない．図3.6 はそれがどのように動作するかを示した図である．制御信号としての電流が電磁石に流れると接点は引っ張られて閉じる．そして出力回路に電流が流れるのである．制御信号が ON のとき，入力が OFF であれ ON であれそのまま出力になる．しかし制御信号が OFF ならば，入力がなんであれ出力は OFF となる．ある意味ではリレーは真空管より，より原始的な機器である．真空管ではスイッチが真空に近い中を目に見え

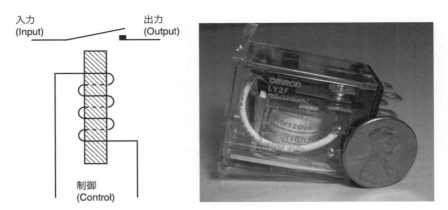

図 3.6 （左）一般に**リレー**と呼ばれる電気機械式バルブの図．電磁石に電流（CONTROL）が流れると，その磁界が接点（コンタクト）を一緒に引き寄せる（電気的に INPUT と OUTPUT をくっつける）．（右）近代のリレー Omron のモデル LY2F の写真．電磁石は白で接点はプラスチックのケースの上の右側である[d]．

ない電子が飛ぶのに影響を与えるグリッドによって制御されている．この最初の電気機械的なリレーは，真空管バルブよりも約 70 年先行しているのである．

　リレーのこの特定の例では用語は反対向きであることに注意されたい．制御回路が OFF（電圧がかかっていない）のとき，それは入力と出力を切り離している．一方真空管では，たとえば制御（グリッド）が ON であるとき同じ効果を出す．これは簡単な問題である．制御に電圧がかけられたときに制御は "OFF" と呼ぶことができる．あるいはリレーをアレンジして，電磁石が通常閉じている結合を開くようにすることもできる．実際リレーは "通常は開いている" と "通常は閉じている" の 2 種類がある．バルブの本質的な特徴は，入力と出力の間の結合が，**ある他のバルブの出力によって制御される**ことである．

　リレーを用いてデジタルコンピューターを構築することができる．実際コンラート・ツーゼの機械 Z3 は真空管ではなく電気機械式のリレーを使用していた．そしてそれが，1941 年 5 月 12 日に稼働した，最初の汎用のプログラム制御デジタルコンピューターであったと論ずることができる[11]．しかし最初かどうかについては，次の

---

[d] 訳注：右の写真の右下の 25 セント硬貨（直径 24.26 ミリメートル）は，直径 26.5 ミリメートルの日本の 500 円硬貨程度の大きさである．

2つの理由から議論の余地がある．1番目に，汎用のプログラム内蔵型コンピューターは，いくつかの場所で，10年間の間にゆっくりと進展した．2番目に，ツーゼのZ3は計算機自身の外にあるプログラムを使用した．そして多くのコンピューターの歴史家は，データと同じようにプログラムを**内部に**格納することは，コンピューターにとって極めて重要であると考えている．したがって，ラビントンはコンラート・ツーゼのZ3をいくつかの"正しい方向への暫定的な道しるべ"の1つであると退けている[12]．一方，F.K. バウアーはZuse（ツーゼ）（1993）への序文で次のツーゼの墓の墓碑銘に言及している．

最初の，2値の浮動小数点計算を使った，完全に自動化されたプログラム制御で自由にプログラム可能なコンピューターの発明家．それは1941年に稼働した．

第二次世界大戦直後の時代のコンピューターの発展における貢献については，通常米国や英国に焦点が当てられている．勝者が歴史を書くのだ．ラビントンにとってツーゼのZ3は当然のことながら（ナチスではないにしても）ドイツの天才という気に触る例である．もちろん真実はこの2つの絵の中間のどこかにきっとあるのだろう[13]．

ツーゼのZ3は，算術ユニットに600個のリレーを，メモリーユニットに1,400個のリレーを使用した．リレー機械にとって適度な大きさのメモリーを構成することがいつも問題であった．Z3はたった64語の記憶容量しか持っていなかった．上述したように，そのプログラムはある意味，機械の外にあり8トラックの穴あきテープに格納され読み取られた．すなわち命令は各々8ビットであった．ツーゼはスピードについて「乗算や除算や平方根の計算に3秒かかる」と言っている[14]．リレーは真空管と比べて信頼できずとても遅かった．そしてとくに戦時中のベルリンで，ツーゼが動作するリレー型コンピューターを作成することができたのは，彼の非凡の才能と粘り強さの証である．戦後の米国や英国での取り組みは，ほぼ独占的に真空管を使用していた．

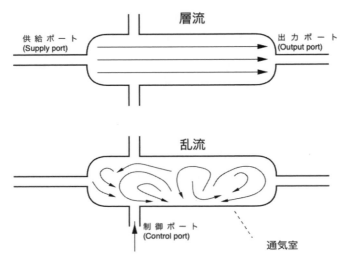

図 3.7　流体を使ったバルブ．制御ポートに流れが与えられなければ供給ポート（INPUT）からの出口（OUTPUT）への水平の流れは層流である．制御の流れが制御ポート（CONTROL）に与えられれば水平の流れは，乱れ撹乱し供給の流れは出力ポートには到達しない（Markland and Boucher（1971），p.11 による）．

流体のバルブ

　流体のバルブが図3.7に示されている．その動作はこれ以上簡単にはならないだろう．つまり（空気のような）流体の水平の流れは，入力の供給ポートから出力ポートへの層流となっている．すなわち流れはまっすぐで滑らかであり，流れの線はほとんど平行である．制御ポートは，この層流に対して流体の制御の流れを直角に注入することを可能にしている．するとこの層流は乱されて，出力ポートから出ることが妨げられる．その代わりに，それはその小部屋で撹乱する．したがってバルブを作るのにちょうど必要なものとして，制御信号が OFF で供給信号が ON のときだけ出力信号があるという意味で，この機器はバルブとして機能する．

　流体は情報を処理するのに流体の流れのやりとりを用いることを意味する．"流体"は空気や水や他のどんな流体でもありうる．もちろん空気は無害であるという利点を持っており，不必要な流れはゴミ処理の問題なく放出される．流体の技術は 1970 年

---

e 訳注：結晶性鉱物の一部で構成され，その表面に細いワイヤーが接触している．

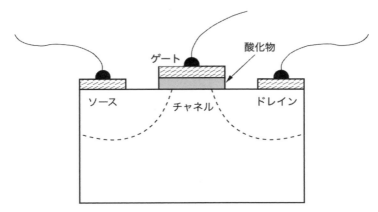

図 3.8 電界効果トランジスターの理想化された図．ゲート（CONTROL）に与えられた電圧によってチャネルの電界はソース（INPUT）からドレイン（OUTPUT）への電流をブロックするか流すかのどちらかを行う．トランジスターの半導体の中の電荷キャリアーは電子，もしくは電子がない状態（孔，hole）である（Roy and Asenov（2005）による）．

代初期に高度に洗練されピークに達したが，電子機器を置き換える有力候補には決してならなかった．なぜなら流体のスイッチがただ遅すぎたからである．論理回路が（流体そのものは除いて）動く部品を必要としないし，流体の回路は厳しい環境で動作できるので，流体はニッチな応用分野で使われ今も使われている．それらはたとえば高温や放射能に耐性がある．リレーのように流体バルブは動作の線形レンジを持たない．

トランジスター

トランジスターは**点接触型トランジスター**と呼ばれる鉱石検波器の猫のヒゲ[e]から変化したものとしてこの世界で始まったが，すぐにさまざまな形式の**接合トランジスター**に置き換えられた．ここでは詳細には立ち入らないが，この機器は真空管と同じ働きをする電子的なバルブである．図 3.8 は電界効果トランジスター（field-effect transistor, FET）をとても簡単にした図であり，バルブ的な構造だけを示したものである．この場合ゲート（CONTROL）に与えられる電圧はチャネルに電界を作り，ソース（IN）からドレイン（OUT）間の電流の流れを制御する．これがどのように働くのかについて，第 4 章でもう少し詳しく触れよう．

一般的なアイデアは同じだが，トランジスターは真空管に比べて重要な利点がある．

真空管を作るには真空と管が必要である．そしてフィラメントを赤く熱して電子を飛ばさなければならない．これらすべては組み立てられて，管から空気が取り除かれなければならない．そしてそれが動作するときはかなりの空間を占め，かなりの量のエネルギーを使い対応する熱を発生させるのである．典型的な真空管は2～3インチ(約5～8cm)の高さで，そのフィラメントを熱するのにワットのオーダーの電気が使われる．これはそんなに悪く聞こえないが，とても旧式のコンピューターでは10億個の真空管を必要とし，冷却用ファンを除いてギガワットを消費し，真空管だけでも大きなビルを埋め尽くす．ところでこれらの真っ赤に熱せられたフィラメントは電球が焼き切れるのと同じように焼き切れる．10億個のものを同時に動かそうとすればあなたは跳び回り続けることになるだろう．

　トランジスターでは電子（あるいは電子がない状態，孔）は真空中の代わりに半導体の中を移動する．これは束縛されていない電子は物質の中を彷徨っており，赤く輝く繊細なフィラメントも必要ないし，それを包む真空や管も必要ではなく，私たちの言いなりになることを意味している．したがってトランジスターはもっと少ない電力で動作し，真空管よりもはるかに冷たいままで，本当に小さくすることができる．そしてそれらは排除しなければならない熱がより少ないので，非常に小さな領域に多くを詰め込むことができる．電子機器を作る際に，十分に冷却することはつねに重要な考慮点であり，私たちの機械が熱くなりすぎて溶けないようにつねに注意を払わなければならない．これらの理由でトランジスターは第二次世界大戦後，電子の世界で完全に革命を起こした．ラジオやテレビやコンピューターやその他あらゆる種類の電子装置はより小さくより冷たくより安くなった．トランジスター化されたポータブルラジオは（今では時代遅れの言い方だが）"トランジスター"という忘れ去られた提喩で呼ばれていた．

　ここでとても自然な疑問が起きる．ある与えられた領域に究極的に詰め込むことのできるトランジスターの数を制限するものは何だろうか？　この質問に答えるためにほんの少し，より基礎的な物理が必要になる．それを次章で見ることにしよう．

第4章

重要な物理学

4.1 いつ物理学が離散的になったのか

19世紀から20世紀にかけて基礎物理学は根本的に変化した．それは進化的な開花ではなく，突発的な地震だった．電子が発見され，光子が光の粒子として認識され，その後原子の構造が解きほどかれた．微小世界の物理は離散的になったのだ．数十年後に，情報処理は連続から離散へという同じ変革を経験したのである．

革命的な変化が漂っていた．結局のところ，同じ数十年の間に，アインシュタインは特殊相対性理論と一般相対性理論を提唱し（空間と時間を永遠に変えた），ゲーデルは不完全性定理を示し（真と偽を永遠に変えた），ストラヴィンスキーは『春の祭典 (*The Rite of Spring*)』を書いた（音楽を永遠に変え，同時に1913年のパリに大論争を起こした[a]）．

しかし量子力学の発展とデジタルコンピューター革命の間の結びつきはとても直接的で，この変化を説明するのに時代精神のような漠然とした観念を持ち込む必要はない．それは私の子供時代に輝いていた真空管を時代遅れのものにした20世紀の物理学の発展である．量子力学はトランジスターの仕組みを説明し，絶対に避けられない物理的なノイズと粒度の源を明らかにした．それに伴うアナログ機器の究極の限界を明らかにした．量子力学なしでは，今日私たちが日々の生活で頼りにしている小さく高密度の半導体チップを設計し生産することは不可能であるといってもよいだろう．

本書で物理学を掘り下げるもう1つの多分驚くべき理由は，それが新しい種類のコンピューター（**量子コンピューター**）を可能にするからである．しかし，それは話

---

[a] 訳注：春の祭典は，1913年にシャンゼリゼ劇場の杮落としとして初演されたが，その斬新な内容（複雑なリズムのクラスター，ポリフォニー，不協和音に満ちており）から，賛否両論を引き起こし大騒動になったそうである．https://www.noaballet.jp/knowledge/variation/theriteofspring.html

が先走ってしまうので，その詳細については後ほど見ることにしよう．

　1900 年の量子力学の話を取り上げよう．この年，マックス・プランクは一見即興のように見える方法で黒体放射を説明した．黒体放射は物理学の確立に厄介な問題を突きつけていた．その概念設定の説明のために小さな開口部（孔）を持った大きなオーブンを考えてみよう．その開口部に入った放射線は決して出てこない．それは完全に吸収する（黒い）窓である．しかし放射線は飛び交い，異なる量のエネルギーが異なる周波数で漏れ出てくる[b]．ここでエネルギー対周波数の分布は（2.5 節のように）観測放射線**スペクトル**と呼ばれる．物理学者はその分布を研究し，低周波ではすべてうまくいっていた．予測されたスペクトルと実験的に観測されたスペクトルは良好に一致していた．ところが高周波では大混乱に陥るのである．予測されたエネルギーは周波数と共にますます強くなった．当時の古典的な量子力学以前の理論では，無限の量のエネルギーがオーブンの開口部から放出されると予測されていた．これは明らかに観測と一致しない．大惨事である．この効果は実際，**紫外破綻**[c]（*the ultraviolet catastrophe*）と呼ばれている[1]．紫外という語が使われるのは，超高周波での全放射の結果として起きるからである．

　そこでマックス・プランクは，高度に教育された手ではあるが，帽子からうさぎを取り出した．彼はオーブンの中で起きるエネルギーの移動は，エネルギーの基本的な量子の**整数**倍しか取り得ないと仮定した．つまり私たちの言葉では，エネルギーに許される値は**離散的**なのである．この仮定に従うと，機器からの放射線のスペクトルの予測が実験結果と非常に合う．この事実のずっと後に書かれた有名な手紙でプランクは次のように言っている[2]．

　　簡単に言ってしまうと，私がしたことは，よほど切羽詰まっていたことの表れだった．生来私は平和的で，怪しい冒険はすべて拒絶してきた．しかしそのときまで，放射線と物質の間の平衡の問題に（1894 年から）6 年間もうまくいか

---

[b] 訳注：黒体が加熱されると光（電磁波）が放出される．この概念的な実験では，十分に小さい開口部を持つ空洞は黒体の状態と同じとみなせる．そしてその空洞の内部では温度に応じて黒体と同じように光が放出されていて，それをこの小さい開口部から観察すれば，黒体から放射された光を観察することになる．
[c] 訳注：レイリー・ジーンズの破綻とも呼ばれる．

ずに悪戦苦闘しており，この問題は物理学にとって根本的に重要であると分かっていた．そして正常なスペクトル中でのエネルギー分布を表現する式もまた知っていた．そのため理論的な解釈を何としてでも見つけなければ**ならなかった**．

プランクは，彼の結果を 1900 年 12 月 14 日に発表し，この日は量子力学の誕生日として一般的に知られることとなった[3]．エネルギーは離散的となったのである[4]．

この 5 年後，アルベルト・アインシュタインはもう一歩あゆみを進めた．この時点での厄介な問題 ― 科学の現実の進歩はしばしば厄介な問題によって刺激を受けるのであるが ― は，**光電効果**にかかわるものであった．光線が金属のかけらに当たるとき，電子が金属の原子からたたき出される．真空中でその電子を集めることができ，これは光を探知する 1 つの方法である．この方法で（固体素子の代わりに）昔ながらの真空管の光電セルを用いて自動ドアを作成できる．エネルギーが，離散的なパケットで運ばれることをプランクが提唱するまで，古典的な（19 世紀の）光電効果の理論に深刻な問題が発見されていた．

1 つの問題は次のものだった．金属に光線を照射すると，電子をたたき出すのに十分な（単位面積当たりの）エネルギーを金属が吸収するのに必要な時間を計算できる．光が十分に薄暗いならその時間は数秒間になる可能性があり，このエネルギーの最小の量が届くまではどの電流も流れるのは不可能だろう．しかし，その時間が経過する前にいくつかの電子がたたき出されることが観察されるのである．もし光が連続波であれば，これは説明が難しい．しかしアインシュタインは，私たちがすでに**光子**と呼んでいる離散的なパケットとして光自身が到着するとすれば，その現象は簡単に説明できると指摘した．計算された最初の時間が経過する前に，あちこちでたった 1 個の光子が電子を放出し始めるのである。

もう 1 つの重要な問題が光電効果の古典的な理論と共に見られてきた．それより下では，どんな電子も飛び出さない特定の最小周波数がある．しかも振動数がこの閾値を超え放出される電子の最大エネルギーは光の強さにはよらず，ただその光の周波数のみによるのである．もし照明の強さを増加させればより多くの電子が放出されるが，その最大のエネルギーは同じである．再び，アインシュタインはこの現象を光の

離散的な理論で説明した．光が光子から構成され，これらの光子がその振動数に依存するエネルギー量を持っているとしよう．すると，光子自身が十分なエネルギー量を持っていなければ電子はまったく放出されず，その閾値を超えれば各光子は電子にそのエネルギー量を与えるだろう．光の強さを増やしていけば光子の**数**が増えるのみで，故に放出される電子の数は増えるが，各電子のエネルギーは増えない．

アインシュタインはこれを次のように言っている[5]．

1つの点源から発する光線が空間内で伝播するとき，そのエネルギーはしだいに大きくなってゆく空間の中に連続的に分布されるのではなく，それは空間内の点に局在する有限個のエネルギー量子から構成されている．それらのエネルギー量子は，分割されずに移動し，完全な単位として生成されたり吸収されることしかできないのである．

今や光は離散的なものとなったのである．

最後の一歩が踏まれるまでおよそ 20 年かかった．光は波であると考えられていたが粒子のように振る舞うことができるのである．すると，電子のような粒子はなぜ波のように振る舞うことができないのだろうか？ ルイ・ド・ブロイはこのことを 1924 年に提唱し，このアイデアはニッケルのターゲットから電子を散乱させることによって回折パターンが生成されたときに確認された．その後，他の粒子の波動と粒子の二重性が，原子と同様に，分子でさえも実験的に示された．このようにしてエネルギーと光は離散的となり，物質は「波打っている」ものとなったのである．世界のすべてのものは粒子であり波になった．これはとても美しい難問を提供しており，今やこれを量子力学の言葉で議論する状況にある．このアイデアは 21 世紀の情報の世界へ注意を払うときにうまく役立つのである．

4.2 物質の絶対的なサイズ

物質とエネルギーの離散化から，「大きい」や「小さい」という単語が単に相対的な用語というだけではなく絶対的な意味を持っていることが分かる．それらは**スケー**

ル（尺度）を定義する．たとえば，宇宙における 2 つの両極端の大きさのスケール
とその 2 つの間のスケール，つまり私たちが生活しているスケールについて語ろう．
これらを**亜原子（原子より小さい）レベル，日常レベル，天文レベル**のスケールと呼
ぼう．日常レベルのスケールではメートル単位の長さを考える．小さい側，すなわち
電子や陽子のような粒子を考える際は，約 15 桁小さい長さ[d]を扱う．ここで**桁**とい
う語は 10 のベキ乗を表し，科学で通常使われるものである．天文レベルのスケール
では，便利な長さは 10 ペタメートル（10^{16} メートル），およそ 1 光年である[e]．

したがって対数的に見ると，大きさのスケールにおいて私たち人類はちょうど真ん
中あたりに位置することが分かる．これは 19 世紀の終わりに成熟期を迎えた古典物
理学がなぜ日常レベルのスケールでとてもうまくいっていたのかを説明している．古
典物理学の基礎に深刻な亀裂が生じたのは，まさにこれが亜原子スケールや天文スケー
ルでうまくいくかが試され始めたときであった．それには亜原子スケールでの光子
や電子，そして天文スケールでのとても奇妙な光の絶対速度やエーテルの不在が含ま
れていた．

すると，絶対的なサイズの良い標準である宇宙における 1 メートル定規をどこで
見つけることができるのだろうか？ 物理学者は物事のスケールを決定する数を**基本
定数**（*fundamental constants*）と呼ぶ．それらは宇宙の構造に縫い込まれており，
不変で，私たちが知る限り宇宙のどこでも同じものである．光の速度はつねに c と表
記されるが，これはおそらく最もよく知られている 1 つの例である．

亜原子スケールを決める基本定数は，1920 年代の後半にヴェルナー・ハイゼンベ
ルクと彼の仲間によって研究された量子力学の基礎のみならず，上述のプランクの仕
事の中にも見出される．プランクは，オーブンの開口部から出てくる電磁波のエネ
ルギー分布（黒体放射）が，離散的なパケットのみで起きるエネルギー移動によって
説明できると観察したことを思い起こそう．具体的には，パケットの大きさが電磁波
の周波数の定数倍（h 倍）であることを提唱した．この定数は今では**プランク定数**と
呼ばれ，物事のスケールを決定するのに光速 c と共に決定的な働きをなす．

---

[d] 訳注：1,000 兆分の 1（$=10^{-15}$）メートル，つまり 1 フェムトメートルで測られる世界．水素原子核の半径がお
よそ 0.8751 フェムトメートルである．
[e] 訳注：家具や建築のデザイナーであるチャールズ・イームズとレイ・イームズ夫妻によって作成され，1968 年に
公開された動画の Powers of Ten が参考になるだろう．https://www.youtube.com/watch?v=paCGES4xpro

4.3 ハイゼンベルクの不確定性原理

粒子が粒子としての資格を得るには明確な位置が必要である．特定の粒子が正確にどこそこの場所にいると言えるようにしたいのである．その速度も特定したいかもしれない．すなわちその粒子がどこそこの場所にいて，たとえば右の方向にどれだけの速度で動いていると言いたいのである．そのときにのみ，私たちが日常生活で使っている**粒子**という用語を用いて，正真正銘の粒子を扱っていると主張してもよいだろう．量子力学は実際にはこれが**不可能**であると言っており，そのことがこの理論の中心の結果である．野球のボールのような日常のオブジェクトに対する経験では，これはかなりの驚きである．しかし，電子は野球のボールよりも 14 桁ほど小さいのである．その規則は物が小さくなるときに変化する．実際，**大きさ**というまさにその考え自身が，そのスケールでは曖昧になる．それが量子力学の主要なメッセージの 1 つである．

たとえば粒子の位置について語るには，位置をどのように測定するのかを記述しなければならない．どんな測定も完全ではないし，位置のような何かをどのように測定してもその結果に関連する不確実性がある．速度についても同じことが言える．ハイゼンベルクの不確定性原理は，これら 2 つの不確実性の**積**がある非常に小さな数をその粒子の質量の 2 倍で割ったものより決して小さくなることができないと明言している．そのとても小さな数は普遍的な定数で，上記のプランクの定数を 2π（便宜上）で割ったものであり，それは換算プランク定数[f] (reduced Planck's constant) $\hbar$ と呼ばれる．ここで重要なのはそれが小さい（**本当に**小さくて，およそ 10^{-34}，すなわち 1（単位の大きさ）よりおよそ 34 桁も小さい）ということである[6]．

今ある特定の時刻に野球のボールの位置を測りたいとしよう．たとえばそれがピッチャーからキャッチャーに投げられホームプレートの上を通るときとしよう．さらにハイスピードシャッターで写真をとり，その位置を 1 ミリメートル以下まで絞りたいとしよう．不確定性原理は，同じ瞬間でのボールの**速度**を知りたくてもある非常に小さな

---

[f] 訳注：ディラック定数ともいう．$\hbar \equiv \dfrac{h}{2\pi} = 1.05457817\ldots \cdot 10^{-34}\mathrm{J} \cdot \mathrm{s}$.

数をボールの質量で割ったものよりは正確には計測できないことを言っている[7]．しかしその結果の値は，まだとてもとても小さいものである — 手に入る最良のカメラで計測できるものよりもはるかに小さいものである．日常生活では不確定性原理が私たちの両手を縛るものではなく，身の周りのものを私たちのやり方で扱うことができる．何億年以上にもわたる私たちの種の進化によって，マクロな世界では位置と速度に対する私たちの考えが実用的に働くということが保障されてきたのである．

具体的な例を挙げれば，質量がおよそ 1 グラムのペーパークリップの位置を 10 億分の 1 メートルの精度で計測し，同時にその速度を 1 世紀当たり 10 億分の 1 メートルの精度で測定することは可能である．そして依然としてハイゼンベルクの不確定性原理は（大きな余裕を持って）守られている[8]．

しかし電子の世界では，その様子は劇的に変化する．電子の質量はペーパークリップのおよそ 10^{-27} 倍である．これはあまりにも小さいので，電子の位置を原子の直径内（それはおよそ 10^{-10} メートルだが）で測定したいと思うかもしれない．すると不確定性原理は，電子の速度の測定の精度を秒速およそ 50 万メートルに制約する．米国と英国での自動車運転手にとっての身近な表現では，時速 100 万マイル[g]程度に制限することになる．つまり特定の電子がある原子の中にあると言いたければ，本質的にはその速度について何も言うことができないのである．

ハイゼンベルクの不確定性原理（量子力学の中心にある）が，より良い器具を購入したり実験室でより注意深くすることによって克服される実用的な制限の類いではないという事実は，強調に値する．それは私たちの周りにあるものについて知ることのできるものに対する基本的な制約である．量子力学が前世紀にわたって，無数の実験により，多くの点で非常に正確に確認されてきたことを考えると，この宇宙では決して打ち負かされることのない制限のように見える．

4.4 波動と粒子の二重性の説明

次章で，コンピューターが手にすることのできる最小のものを求めて，とても小さ

---

[g] 訳注：秒速 50 万 m ＝時速 50 万×3,600 m ＝時速 180 万 km．ちなみに地球と月の距離は約 38 万 km なので，1 時間に月までおよそ 2.4 往復する速さ．

な世界に舞い降りよう．しかしその話の前に，非常に小さなスケールでの物理学について，より典型的で重要な2つの側面を議論しよう．最初は波動と粒子の二重性の明らかなパラドックスを簡単に考察しよう．たとえば電子のようなものが，ある状況では本当に粒子のように振る舞い，そして別の状況では本当に波のように振る舞うのはなぜだろうか？　この問いの完全な議論には量子力学での測定プロセスについてより詳細が必要になり，はるか遠くまで私たちを連れ去ってしまうだろう．しかし不確定性原理は，あるとても素晴らしい直観を与えてくれる．

　繰り返すと（そして繰り返すのに値するが），不確定性原理は，たとえば電子の位置とその速度についての不確実性の**積**が，神によって与えられたある明確に固定された数よりも決して小さくはできないと言っている．ここで，位置に関する不確実性をあるとても小さな量に絞るとしよう．電子の位置に関して分かることを小さく狭めれば狭めるほど，その速度について知り得ることは少なくなる．もし電子の位置の不確実性を ― 議論する必要はないがある測定プロセスによって ― ある明らかな位置にあると主張できる点まで狭めることを続けるならば，それを**粒子**と見なすことは合理的である．量子力学の世界では，粒子は明らかな位置を持ち，波は持たない．もう1つの極端な例では，もし私たちが電子の速度をより高い精度で測定しようとするなら，必然的に不確定性原理によってその位置についてより少ししか知り得ないことになる．後者の場合，電子を（量子力学の言葉で）波とみなし，明らかに粒子とみなさないのは正当である．不確定性原理は，少なくとも私たちが観察する奇妙な挙動に対するもっともらしい正当性を与えてくれる．つまり，電子は時折ミクロな世界における野球のボールのように金属板をたたき，またあるときには池の表面の波のようにお互いに干渉して角を曲がるのである．

4.5　パウリの排他原理

　波動と粒子の二重性に加えて，もう1つの量子力学の原理である**パウリの排他原理**（*Pauli exclusion principle*）が，今日のコンピューターチップを理解するために必要である．先に進む前の注意点：パウリの原理は「粒子」の観点から表現されている．しかし，今，粒子が実際には部分的に波でもあり，波は実際には部分的に粒子で

もあることが分かっている．そのため，たとえば，以下で「電子の雲」のことを話すとき，原子の軌道のとても窮屈な場所での電子を想像しており，電子は粒子と波の両者のように振る舞っている．

　次章で小型化された回路を半導体のコンピューターチップにどれほど詰め込めるかについて，ハイゼンベルクの原理が究極の限界をどのように設定しているのかについて見よう．パウリの排他原理は，そもそも半導体がどのように働くのかを説明している．実際，誇張なしに，この排他原理は私たちの世界全体が成り立つのを可能にしている．それなしには，半導体がどのように働くのかの説明に困るだけでなく，私たちが持っている元素をなぜ持っているのか，地球上の他のほとんどすべてのものがどのように組み合わせられたのかさえ説明できない．この原理は，なぜ元素が周期表できちんと行と列に並べられるのか，なぜネオン（Ne）が不活性なのか，なぜ酸素が他の元素と結合しやすいのか，どのようにタンパク質が構築されるのかなどを説明している．この排他原理が何を言っているかを知るためには，基本的な粒子（素粒子）についての背景がもう少し必要である．

　本書ではたった2つの違った種類の粒子を考える必要がある．それらは光子と電子である．ご存じのように他にもたくさんの基本的な粒子がある．最もよく言及される他の2つの粒子は陽子と中間子である．これらは通常は，でしゃばらず，原子核の中に安全に快く身を落ち着けている．それらがたたき出されるときは"**放射能に注意！**"のサインがつく．居心地の良い原子核の家からそれらが解き放たれるには高いエネルギーが必要であり，私たちはそれらの通り道から外れていなければならない．しかし原子中の電子は，正に帯電した原子核の周りの雲にもっと緩やかに詰め込まれ，半導体の動作にかかわる電子は，粒子当たりのエネルギーがもっとはるかに少ない．迷った電子の1つ2つに当たってもまったく危なくない[9]．化学の仕組みを決めているのは，まさに原子核の周りのこれらの電子雲の挙動である．他と比べて親の原子核にあまりきつくくっついていない電子もある．そしてこれらの電子は簡単に外に飛び出すことができ，私たちが金属中の"電気"と呼ぶものの伝導を説明している（これは電子の流れ以外のなんでもない）．光子はもっと自由でさえある — 実際それらはまったくじっとしていることができず，著しく高速に飛び回っている．

　光子は可視光の成因となっている．しかし他の多くの放射線の成因にもなっている．

違いは光子の波長とエネルギーだけに過ぎない．以前言及したように，光子のエネルギーと周波数は非常に簡単な形で関係している．光子のエネルギーはその周波数に比例しており，その比例定数はプランクの定数である．可視光線と比べて紫外線はより高いエネルギーを持ち，赤外線はより低いエネルギーを持っている．X線やガンマ線の光子はさらに高いエネルギーを持ち，電波は可視光線や赤外線よりもさらに低いエネルギーを持っている[h]．しかしすべてのこれらの粒子（あるいは望むなら波）は，同じ数学的な構成で記述される．つまりそれらはすべて光子であり，すべて波動粒子である．ここで光子の特有の性質については心配する必要はないが，それらは本当に変わっている．たとえば真空中で，観測者としてどんなに速く移動していても，それらの光子はいつも同じ速度で移動するように見える．あなたは決して光子に追いつくことはできないのである．そのこと自身はかなり奇妙である．

電子はまたそれらに関連したエネルギーも持っている．しかし光子のエネルギーがその周波数で完全に決定される一方，電子のエネルギーはもっと従来の部類のもので，電子がそこに到達するまでに費やされた仕事の量によって決定される．たとえば原子の内殻中，つまり一番核に近い殻にある電子はエネルギーが低い．それらは何らかの力で核から遠くの殻にたたき出される．そして原子の最も外側の殻にあるとき，それらは自由に外にたたき出される．しかしこれらすべてのたたき出しにはエネルギーを要し，電子はそれを持って移動する．

これらすべての議論において，エネルギーは離散的なパケットで（**量子化されて**）運ばれることを思い出してほしい．エネルギーはまた**保存される**．すなわち対象としているシステム内のエネルギーの全量は変わらず保たれなければならない．つまり新たに作られたり消されたりはできないのである．たとえば光子が電子をたたいて高いエネルギー状態に持って行くことは起こり得る．そのような場合の光子は吸収されるか，まだエネルギーが残っていればより低いエネルギーで跳ね返されるかのどちらかである．逆に高いエネルギー状態の電子はより低いエネルギー状態に戻されることもあり得る．そのとき帳尻合わせのために起こることは，余分なエネルギーは光子とし

---

[h] 訳注：電磁波は波長の長い方から見ると電波（長波，中波，短波，超短波，極超短波，マイクロ波，ミリ波，サブミリ波），赤外線（遠赤外線，中間赤外線，近赤外線），可視光線（赤色から紫色），紫外線（近紫外線，衛星紫外線），放射線（X線，ガンマ線）と分類されている．

て吐き出され，その周波数は新たな光子のエネルギーを正確に説明するものとなる．

　ここで，電子と光子は 2 つの基本的に異なるタイプの粒子である**フェルミ粒子**（*fermion*）と**ボース粒子**（*boson*）の典型で，すべての粒子はそのどちらかである．電子はフェルミ粒子で，光子はボース粒子である．陽子と中間子はフェルミ粒子である．2013 年に初めてその存在が確認されニュースになったヒッグス粒子は，そう，ボース粒子である．ここで話を徐々に向けているのは，フェルミ粒子がボース粒子とは違う仕方で挙動するという制約を持っていることである．フェルミ粒子はパウリの排他原理に従わなければならず，この原理こそが私たちのコンピューターの中心にある素晴らしい素材である半導体を理解するのに必須の原理なのである．

　単純に言えばパウリの排他原理はフェルミ粒子が極端に反社交的であると言っている．与えられた量子力学的状態において，電子は同じ系でまったく同じ状態の別の電子の存在を許さない（対照的にボース粒子は社交的で，パウリの排他原理に従わなくてもよい）．これが何をもたらすのかを理解するには，**量子力学的状態**という用語が何を意味するのかを正確に説明しなければならないが，それにはここで私に許された紙面と数学以上のものを必要とする．ここでは，元素中の原子核に結合している電子の**状態**は 4 つの数字で表され，そのうちの 1 つは**スピン**と呼ばれ，スピンは 2 つの値 $+\frac{1}{2}$ と $-\frac{1}{2}$ しか取り得ないことを知っていれば十分である．排他原理は原子の中のどの 2 つの電子も，これら 4 つの数のまったく同じ組み合わせを持ち得ないということを言っている．

4.6 原子物理学

　この単純な規則から，少なくとも周期表の最初のいくつかの元素がどのように構成されているのかが分かる[10]．水素原子は最も単純で，最も簡単に描くことができる．陽子は $+e$ の電荷を持ち，その周りの軌道に $-e$ の電荷を持った 1 つの電子を保持している．この**軌道**という用語の使用は慣習的なものである．私たちは電子が本当に一部波であり一部粒子であることが分かっており，実際月が地球の周りの軌道を回っているように電子が陽子の周りの軌道を回っているというアイデアは素朴なものである．

次に単純な元素はヘリウムである．その核に陽子を２つ持ち[11]，結果的に$+2e$の電荷を持っている．その電荷の平衡を保つために，２つの電子がその核に引きつけられることとなり，それらは異なるスピンを持つので排他原理を破ることなく同じ"軌道"上に収まることができる．より重い原子の核の周りの電子は，（一般的に）内側から外側に向けて満たされていく**電子殻**の中に配置される．最初の殻は２つの電子で完結している．これは最初の殻の２つの電子がその原子に非常に安定的に結合されており，まったくそこから飛び出そうとしないという意味である．結果として，ヘリウムはその電子を他の元素と共有することに興味がなく，通常の状態では化合物を作らない．

どの原子でも電子の一番外側の殻はその**最外殻**と呼ばれ，その殻の電子は**価電子**と呼ばれる．たとえば２番目の電子殻は８個の電子までを保持できる．最初と２番目の電子殻がいっぱいのものはネオンで，計10個の陽子と10個の電子を持っている．原子価殻がいっぱいであるヘリウムやネオンのような元素はすべてガスで，それらのエリート主義的な振る舞いから**貴ガス**と呼ばれる[i]．

ヘリウムの次に重い元素であるリチウムは，原子核に３個の陽子と３個の電子を持っている．２個は最内殻にあり，もう１個の電子で２番目の殻，原子価殻が始まる．２個の電子を持つ最内殻は恒久的に閉じているとみなせる．しかし，次の殻が始まる１個の電子は，その原子の残りの部分とは非常に緩く結合しており，すぐに荷電イオンを残して別の原子と結合したり，電流の一部として彷徨い出たりする．リチウム元素はその緩く結合した電子のために金属であり，優れた導体である．

材料の電気的特性を決定するのに価電子の有無は重要な働きをしている．

4.7 半導体

半導体は（通常）いくつかの基本物質（今日では通常シリコン（ケイ素））の原子たちが，共有電子によって所定の位置に保持された結晶性の物質である．シリコン原

---

[i] 訳注：反応性が非常に低いことからエリート主義的と言っている．2005年以前は希ガス（rare gas）と呼ばれていた．

子の外殻に4つの電子があり[j]，私たちの目的ではいつものように，これらの価電子殻のみが問題になる．内殻はすべて，保持できる電子で完全に満たされ，原子価殻内の電子の冒険によって邪魔されることはない．そのような結晶構造が完璧で（そのため結晶の周りを自由に彷徨う「緩い」電子がない），温度が絶対零度（電子を自由にする熱振動がない）ならば，この結晶はいかなる電気伝導も許さない．それは完全な絶縁体で，すべての電子をしっかり保持する剛性の結晶体で，隣接する原子に結合している[12]．

しかし結晶が不完全で（いつもそうなのだが），温度が絶対零度より高ければ（これもいつもそうなのだが），少なくとも**いくつか**の電子が結晶格子をあちこち自由に動き回り，電気の流れをある程度許す．適度な温度では，いくつかの電子は通常の位置から飛び出し，結晶の中を彷徨うことができる．それだけではなく，電子が通常の場所を離れると"正孔（ホール）"を残し，正孔は現実の粒子と同じように結晶の中を移動することも事実上できる．電子は正孔の中に飛び込むことができ，電子がもともといたところに正孔を残す．事実上，正孔は負の電荷の代わりに正の電荷を持つ"仮想粒子"として移動する．

半導体からバルブ（あるいは同じものとしてトランジスター）を作るために熱振動や自然な結晶の欠陥によって電子が自由になることだけに頼るわけにはいかない．そのため半導体の結晶格子には**ドーパント**と呼ばれる物質を意図的に混入している．典型的には，たとえば結晶格子の数百万個のシリコン原子に対して1つの原子を**ドーパント**と呼ばれる別の物質の原子で置き換える．ちょっとしたドーピング[k]は結晶の電気伝導に劇的な効果をもたらす．

ここで結晶中のシリコン原子100万個当たりにおよそ1つをヒ素原子で置き換えるとしよう．ヒ素原子は（シリコンの4個の代わりに）5個の電子を価電子殻に持っている元素である．ヒ素原子はシリコンの原子の場所に留まることができるが1つの電子が余る．実用上の目的では，この電子はあたかも真空管の真空中でフィラメントから解放されたもののように自由に移動できるものと考えることができる．今，結

---

[j] 訳注：シリコン（Si）は，原子量が14で殻には内側から2個，8個，4個の電子を持っている．一方、後で出てくるヒ素（As）は，原子量が33で殻には内側から2個，8個，18個，5個の電子を持っている．
[k] 訳注：ドーパントを物質に注入することをドーピングと言う．

晶格子には自由電子が存在するが，結晶の正味の電荷はゼロであることに注意されたい．自由電子それぞれに対して，その持ち場を離れた電子のために正味 $+e$ の正電荷を持ったヒ素原子がある．それは**イオン化されたドナー**と呼ばれ，結晶格子の中で動かないと考えられている．このようにドーピングされたシリコン部分を **n 型**シリコンと呼ぶ．

　同じようにシリコン原子をたとえば価電子核に３つの電子しか持っていないアルミニウムで置き換えることができる．これにより格子内に孔ができ，前述したが孔は正の粒子のように効果的に振る舞い，格子内を自由に動き回ることができる．余分な電子が価電子核の中に飛び込むのでドーパント原子は負の電荷を持ち，その原子は上記になぞらえて**イオン化されたアクセプター**と呼ばれる．そのようにドーピングされたシリコン結晶の部分は **p 型**シリコンと呼ばれる．

　ドーピングされた半導体中では２種類の電気伝導を起こすことができることを認識するのは重要である．たとえば n 型シリコンの中では自由電子があり，それらの流れは実際の金属の中と同じ方式で電流を形成できる．ただし実際の金属の中にはもっと多くの自由電子がある．この場合，電子は**電荷キャリアー**という．p 型シリコンでは正孔は正の電荷を運ぶ粒子のように効果的に挙動し流れることができる．この場合，電荷キャリアーは正孔である．n 型シリコン部分をまたいで電池をつなげば，シリコンの中に電界が生じ，その影響で電子が流れる．同様に p 型シリコンを挟んで電池を接続すれば，シリコンの中で正孔の流れができる．一般に，電子や正孔は潜在的な電荷キャリアーである．（荷電された）イオン化ドナーやアクセプターの原子は半導体の格子の中に固定されて留まっていることも覚えておいてほしい．

4.8　P-N 接合

　n 型と p 型のシリコンを注意深く面と面で接合すると **p-n 接合**と呼ばれるものが作られ，とても興味深いことが起きる．図 4.1 はそのような接合で，外部からの電圧は与えられていないものを描いている．その接合の n 側にはたくさんの自由電子があり，これらはランダムに p 側に（拡散し）彷徨い，そこの正孔の中に飛び込む傾向にある．同様に，正孔は p 側から n 側に拡散する傾向がある．この荷電キャリ

アーの再分散は，接合の p 側に（不釣り合いのアクセプターイオンが均衡を崩して）負に帯電された壁を作り，n 側に（不釣り合いのドナーイオンが均衡を崩して）正に帯電された壁を作る．p 側の負に帯電した壁は，電子の反発が p 型シリコンへのさらなる拡散を防ぐまで築かれる[13]．そして n 側の正に帯電した壁は，さらなる正孔の拡散を妨げる．そして荷電キャリアーの不足している接合の周りの領域で平衡に達し，その領域は**空乏層**と呼ばれる．

　ここで電池の正極を p 型シリコンに，その負極を n 型シリコンにつなぐことを考えよう．正極は正孔を n 型シリコンに向けて押し出し，負極は電子を押し出す．それは空乏層を縮める効果がある．

　もし電池の電圧がある閾値（一般的には小さい）を超えると電流が流れる．実際 n 型シリコンで電子は左から右に流れ，接合で正孔に跳び移る．これらの正孔は p 型

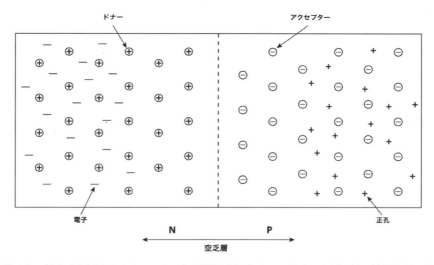

図 4.1 （印加電圧が与えられていない）平衡状態にある p-n 接合．左側では，結晶格子で正に帯電したドナーのイオンを持つ n 型半導体が "⊕" で示され，電子は "–" で示されている．右側では，負に帯電したアクセプターのイオンを持つ p 型半導体が "⊖" で示され，正孔が "+" で示されている．電子は（点線で示された）接合面を越えて右側に，正孔は左側に拡散する．右側の負に帯電したイオンの壁と左側の正に帯電したイオンの壁がさらなる拡散を防ぐまでこの拡散が続く．これにより，荷電キャリアー（電子と正孔）が不足した接合の周りの空乏層が残される（Bar-Lev（バー＝レブ）（1993），p. 99 による）．

シリコンで右から左に移動してきたものである．図で電池を想定通りつなげると，電子は左側に注入され右側から吸い出される（事実上，正孔を注入している）．

　しかし電池を反対向きにつなげると導通はうまくいかない．電池の正極と負極は接合から電荷キャリアーを運び出し，空乏層はもっと広くなる．そして電流は流れない．したがって p-n 接合は**ダイオード**と呼ばれるものを形成する．それは電流を一方向だけに流す．

　半導体の魔法は p-n 接合の中に秘められている．真空管のダイオードを作るためには電子が（一方向だけに）自由に動くことのできる真空，そして高温の電子源を提供する必要がある．今では熱いフィラメントを使わずに固体材料でダイオードを作る方法がある．これがポイントである．真空管の技術を**固体エレクトロニクス**で置き換えたのである．

4.9 トランジスター

　今やバルブを作るのに，半導体で電子や正孔（実際は電子の欠如）の動きをどのように活用すればよいのかを見るのは難しくない．このテーマに関しては多くの変種があるが，すべて**トランジスター**と呼ばれている．しかしそのアイデアはおそらく電界効果トランジスターによって最も明らかに説明されるだろう．これは第3章で議論し，図3.8 に描いている．図の中の**ソース**と**ドレイン**はどちらもドーピングされた，同じタイプのたとえば n 型のシリコンで，それらは逆向きにドーピングされている**チャネル**によって分離されている[14]．トランジスターにつながっている3番目のワイヤーについて今はさておくと，2つの空乏層が存在し，1つはチャネルとソースの接合領域，もう1つはチャネルとドレインの接合領域であり，電流はソースとドレインの間では流れない．バルブとしてのトランジスターは OFF である．

　具体的にするために p-n-p トランジスターを考えよう．ソースやドレインで動き回れる電子はチャネルを通して流れることができない．正確に言えば，それらが空乏層の負に帯電したイオンに直面するからである．**ゲート**はバルブを閉じる取っ手である．チャネルの上に小さな伝導物質（たとえば金属）が乗っているが，それはチャネルからは絶縁されている．ここでゲートに**正の電荷**を印加すると，たとえチャネルが

電気的につながっていなくても，その中に電場を形成し電子をこのチャネルに引き寄せる．そのため**電界効果**トランジスターという名前になっている．突然，チャネルに電荷キャリアーが生じ，電流が流れることができ，このトランジスターが ON になる．

電子が半導体結晶のどこにあり，どこにいくことができるのかを説明するパウリの排他原理は，私たちを固体バルブへと導いた．そしてこれまで見てきたように，バルブさえあれば私たちが望むあらゆる種類のコンピューターを構築できるのである．

ある程度深くエレクトロニクスを学ぶ予定があれば，レベルに応じて固体での電子の挙動に関する優れた本がたくさんある．それらはすべて量子力学を用いており，高度になればなるほど量子力学の使用が増える．結晶中の原子は小さく，電子はさらに小さくさえある．極小の科学なしには重要な仕組みがまったく理解できない．これらの本は簡単に見つけられ，どれを選択するかはもちろんあなたの数学と物理のレベルによるだろう．上記の Bar-Lev（1993）は綿密でかなり高度な教科書であり，初心者向けの本ではない．しかしここで議論した p-n 接合と電界効果トランジスターのより詳しい（そして数学的な）解析を含んでいる．さらに，それがなければ私たちの生活も面白くなくなると思われるチップを作るための集積回路技術の興味深い記述も含んでいる．

ついでに言えば，あなたの家の工作室で通常の道具と素材を使って，実際に真空管とトランジスターを作ることができると知ると驚くだろう．上級の工作愛好家（あるいは書斎派の工作愛好家）は H. P. Friedrichs（2003）の楽しい本 *Instruments of Amplification*（増幅器）にある専門家の助言や参考資料に沿って，これをどのようにやるのかの詳細を知ることができる．

4.10　量子トンネル

量子トンネルを非常に簡単に説明してこの章を終えよう．これは極小のエレクトロニクスの王国に入っていくときに重要な役割を果たすもう 1 つの量子的な現象である．電子のような粒子が帯電してそれらが電界の中を動き回るとき，丘や谷の表面を転げ回る粒子のように挙動する．電界効果トランジスターはこの例である．ゲートが荷電されていないとき，ソースの電子は，チャネルがそれらの進行に対する**障壁**にな

るのでドレインに到達することができない．この状況はレンガの壁に遭遇した転がる球に似ている．しかし重要な違いがある．電子は非常に小さく，その動きを支配する法則は量子力学的なもので古典的なものではない．これは反直感的な結論だが，もしその障壁が厚すぎなければ，電子はある状況において，ある確率で障壁を貫通することが**できる**のである．

電子や他の任意の粒子が固体の障壁のように見えるものを貫通するとき，それらが**トンネリングする**という．私たちの日常生活の経験では起きない，非常に小さな量子力学の世界で起きるもう1つのことである．それは電界効果トランジスターのチャネル幅あるいは他の種類のトランジスターのゲート幅をかなり小さくできる可能性自体はあるが，限度があるということを意味する．トランジスターを小型化すると，電子がソースからドレインにトンネリングしてしまい，バルブが本来の機能を果たさなくなるときがある．次の章では，エレクトロニクスの微小化とその限界を調べよう．電子のトンネル効果はそのような限界を示しているのである．

4.11 速度

これまでものの**サイズ**に多大な注意を払ってきたが，それらが動作する速度には注意を払ってこなかった．しかしトランジスターの世界ではこれらの2つはとても密接に関連しあっている．その理由は電荷が半導体のトランジスターに蓄えられるという事実に根差している．たとえばトランジスターを ON から OFF に，あるいはOFF から ON に変換するとき，空乏層に蓄えられた電荷を適切に変化させるには時間がかかる．電荷が蓄えられるときはいつも，それが蓄えられた場所は**コンデンサー**（*capacitor*）と呼ばれ，コンデンサーに印加される電圧に対して蓄積される電荷の比は**静電容量**（*capacitance*）と呼ばれる．そうすると，固定された電圧に対してコンデンサーに蓄積される電荷は，その静電容量に直接的に比例するのである．

古典的には，トランジスターや真空管のようないわゆる能動素子は別にして，回路には3つの電子部品がある．それは**抵抗**（電子の流れを妨げるもの），**コンデンサー**（電荷としてエネルギーを蓄えるもの），そして**インダクター**（磁場としてエネルギーを蓄えるもの）である．私が記述した 1930 年代に支配的だった美しいラジオの1

つを分解すれば，これらの 3 種類の“受動的な”素子がすべて見つかるだろう．どれも 2 本のワイヤーが出ていて，通常はハンダ付けされている．今日これらの 3 つの要素は，いまだに電子回路を理解するのに中心的な役割を果たしている．しかし抵抗やコンデンサー，インダクターは，通常トランジスターのような微視的なデバイスがどのように動くのかの理解を抽象化したものである．たとえばトランジスターは抵抗とコンデンサーの組み合わせであるかのように動作すると考えられる．空乏層はそのような微視的で概念的なコンデンサーの 1 つの例である．

　物理学の講義の始めに，コンデンサーは平らな 2 枚の金属板がお互いに並行に一定距離離れて置かれているものとして理想的に紹介されている．金属版の 1 枚は電子が余剰になるように，もう 1 枚が欠乏した状態になるように荷電される．これらの金属版の間の与えられた間隔に対して，そのような**並行金属板**（*parallel-plate*）コンデンサーの静電容量は金属板の面積に比例する．大まかに類推すれば，トランジスターの空乏層のようなものの静電容量は，そのトランジスターのサイズと共に直接的に小さくなる．

　するとコンデンサーが充電されるのに必要な時間は，（抵抗や電圧のような）他のすべての条件を同じにすれば，おおまかにはその面積に比例することを見るのは難しいことではない．トランジスターを小さく作れば作るほどそれらは早くスイッチできる．したがってコンピューターのクロックをより速くすることができる．それが次に記述する，トランジスターの劇的な縮小が同様の劇的な速度の向上と共に起きたことの理由である．

第5章

あなたのコンピューターは写真である

5.1　底にある余地

　リチャード・ファインマンは1世代以上にわたって物理学者やコンピューターサイエンティストたちのヒーローである．彼は1959年12月29日に行われたアメリカ物理学会での有名な講演で，とても小さなものの可能性に対して広く注意を喚起した．その講演で，その後数十年にわたって急成長するナノテクノロジーの分野を予想した．例によって，彼は問題の核心に直接迫り，同時にそれをまったく当たり前のように見せた．それは簡単で，誰でも分かるはずだと．そして，『ブリタニカ百科事典』をピンの先にどのように書くことができるのか[a]を示した後，"なぜこれがまだやられていないのか分からない"と言うのだった[1]．

　ナノの世界でのさらに一般的な冒険譚について語っていたファインマンの価値を損なうわけではないが，それらの特定のマイクロ写真の筋に沿った何かが，1世代前にすでに**行われていた**[2]．1925年にエマヌエル・ゴルトベルクは完全な聖書が50冊，1平方インチ（約6.45平方センチメートル）に収まるような高密度の写真の画像を作成した[3]．実際，当時は，高縮小イメージの製作者の間である種の競争があり，"1平方インチに収まる聖書の数"はテキスト密度の共通の指標になっていた．ちなみに現在の記録はテクニオン・イスラエル工科大学のチーム[4]が打ち立てており，金の薄い層の上に1平方インチ当たり約2500冊の聖書に相当するものを，イオンビームを使ってエッチングしたと報告している[5]．

　どういうわけか，人間は小さく書くことに自然と執着してきたようである．アッシリア人は5000年前に，虫眼鏡で読まなければならないほど小さな文字が書かれた円

---

[a] 訳注：その講演では1/16インチ四方，つまり，2.5平方ミリメートルに『ブリタニカ百科事典』の全巻（24巻）を書けるかと論じている．

筒形の粘土板を作成した[6]．1839 年に L.J.M. ダゲールは，水銀蒸気でヨウ化銀板上
に現像した最初の写真 "ダゲレオタイプ（Daguerreotype）" を制作した，まさに
この同じ年に，J.B. ダンサーは縮小率が 1/160 の最初のマイクロ写真を作った．こ
のような縮小の明らかな利点は空間の節約であり，1870 年に R. ダグロンがパリ包
囲戦中に伝書鳩の荷物としてマイクロ写真を使ったときに，この技術が役立った[7]．

　空間と重さを節約する明らかな利点に加えて，マイクロ写真はスパイ活動で重要な
役割を果たしている．"マイクロドット" はこの文章の終わりのピリオドのような印
刷上の点くらいの大きさのマイクロ写真である．マイクロドットは，たとえば，通常
の印刷された点の代わりに手紙全体にわたって散りばめることができ，そのため知ら
ない人には気づかれることなく情報を送ることができる．するとどこを見ればよいか
を知っている受け手はそれらを顕微鏡を使って読むことができる．スパイ小説ものの
ファンはこれが標準的な手口で，優秀なスパイが皆持っているものであることを知っ
ている．

　ここで重要な差異を指摘しなければならない．本の中の 1 ページのイメージを作
ることと，中身を読むのに必要な最小限のデジタル情報をただ記録するのとでは大き
な違いがある．前者の範疇で最良のものは文字のイメージを表し，フォントや写真，
キャンディーバーのシミなども保持する．それはスキャナーが生み出すものである．
後者の範疇のイメージは通常 1 文字当たりちょうど 1 バイト（1B，すなわち 8 ビット）
を使う．したがって 256 文字が可能である．前者を**テキストイメージ**あるいは**イ
メージ形式**のテキストと呼び，後者を**デジタルテキスト**あるいは**デジタル形式**のテキス
トと呼ぶ．

　ヘブライ語の聖書は約 120 万文字からなっている．それを 1.2MB としよう．
128GB のフラッシュドライブは現在では一般消費者向け製品であるが，デジタル形
式で約 100,000 冊のヘブライ語の聖書が入り，そのメモリーチップは平方インチ（約
6.5 平方センチメートル）オーダーの面積である．するとそのようなフラッシュドラ
イブは 1 平方インチ当たり 100,000 冊の聖書を記録できると言える．しかしこの種
の聖書は，テクニオンで砂糖粒の大きさの点に書かれたページのイメージとは同じで
はないことを心に留めておいてほしい．バルブや，小さなコンピューターを作成する
際の問題点に戻りたいので，以下イメージ化の方により目を向ける．

Feynman（ファインマン）（1960）はイメージ形式とデジタル形式のテキストの違いによく気がついていた．彼はまた平らな表面にデジタルのテキストを書き込む（そして読み込む）ことよりもう一段階踏み込み，3次元の物質の塊にそのようなテキストを記録することを考えた．彼は，1ビットを記録するのに，少なくとも一辺が5原子分の立方体の物質，あるいは慣習的な大雑把な推定によれば1ビット当たり約100個の原子が必要だろうと論じた．**ON/OFFやある/なし**といったビットに対するこの100の係数は，情報の損失の可能性に対処するための冗長性を提供している．彼の結論は"人類が世界のすべての書物に注意深く蓄積したすべての情報は …… 一辺が200分の1インチの物質の立方体[b]の中に書き込むことができ，これは人間の目がやっと見分けることができるちりのかけらである"というものだった．1959年のファインマンの講演以来起きてきた情報爆発を許したとしても，その講演のタイトルで彼が言ったように，底の方には**たくさん**の余地（可能性）がある（*There's plenty of room at the bottom*）のである．

もう1つのファインマンの洞察は触れるに値する．それは，生物学者がすでに情報をどのくらい密に格納できるかということを非常によく知っているというものである．たとえば私たちの体を形成するためのすべての遺伝情報は，すべての細胞の核の小さな部分に詰められたDNAに格納されている．そして各細胞はとても小さく，裸眼では見えない．

この時点で道に迷ったように見えるかもしれない．極小の写真を作成するのは図書館のアーカイブのために空間を節約するためには疑いなく良い方法であり，スパイがメッセージを密かに伝達するためにも賢い方法である．しかしデジタル技術がアナログ技術との二者択一で勝ったことにどんな関係があるのだろうか？　今日のコンピューターが本質的にはマイクロ写真であることが判明するのである．

5.2 マイクロ写真としてのコンピューター

真空管でできたコンピューターを顕微鏡で見なければならないサイズに小さくする

---

[b] 訳注：一辺が0.127mm（＝1/200in）の立方体なので，体積は約0.00205mm^3．

のは難しい（が多分不可能ではない）. 1 つの理由は, 小さな真空中で自由に動くことのできる電子の継続的な流れをどのように作ることができるかを考えなければならないからである. おそらく"真空管"は, フィラメントとプレートの間の電子の可能な経路を遮断するのに十分な空気分子がないように十分に小さくできるだろう. しかしまだ, 最初に電子が自由になるために電力を提供し, そのようにして生成される熱もまた取り除かないといけない. 半導体トランジスターがなかったとすればどのように技術が進んだのかを考えるのは興味深い練習問題である.

　前章で見たように, 半導体によって真空管の力学的な, および熱の制限から解放され, バルブの回路を微細な寸法まで縮小することが可能になった. このバルブの新しい作り方は, 非常に多くの洗練された技法と複雑な機械の発展と相まって, マイクロ写真の印刷とほぼ同じ方法によって, 微細なゲートでできたコンピューターの**印刷**にまでつながった. このプロセスをここではかなり単純化しているが, 次のステップに分解できる[c].

- 半導体（通常シリコン）の非常に純粋な結晶を成長させる. その伝導性に必要な制御のために, その純度は半導体の原子 10 億個中に 1 個異物な原子がある（99.9999999%, 「ナイン・ナインズ」）状態よりも良くなければならない.
- 結晶を薄い**ウエハー**（*wafer*）にスライスする.
- 各々のウエハーを磨き非常に平らにする.
- この段階でウエハーは**サブストレイト**（基板）と考えられる. このウエハーを, 回路層を転写したい材料で**コーティング**（皮膜）する. それは絶縁体である二酸化シリコンのような材料である.
- 二酸化シリコンの膜を**フォトレジスト**（**感光剤**）と呼ばれる光に特別に敏感な材料でコーティングする.
- フォトレジストに, 事前に設計されたゲートの回路のイメージを照射する. これによりフォトレジストのある部分が露光し, 他の部分はマスクされていて露光されない.
- 露光したフォトレジストの部分は可溶になる. これらを洗い流せば, 露出された

---

[c] 訳注：以下のサイトなどの図解が参考になるだろう. https://www.tel.co.jp/museum/exhibition/process/

二酸化シリコン膜に照射されたパターンが残る.

● 露出された二酸化シリコン膜を化学物質でエッチング[d]する.

● 残ったフォトレジストを洗い流せば, 照射されたイメージが形成された基板上に二酸化シリコンのパターンが残る.

これが20層から30層にわたって層ごとに行われる. そしてこれらの層はプロセスのある段階で相互に接続され, それによってトランジスターゲートの複雑な回路の構築が可能になる. また露出された半導体の異なる部分にドーピングする (不純物を加える) 必要もある. これはプロセスの適切な時点で, ウエハーに高速のイオンを照射することによって行われる. そしてそのウエハーはチップにスライスされ包装される.

半導体製造工場はしばしばファウンドリーと呼ばれ, 現在では驚異的な産業に発展してきた. ウエハーが処理されるいわゆるクリーンルームと呼ばれる場所では, 温度や湿度を注意深く制御し, 周到にちりや振動がないようにしなければならない. エッチング, ドーピング, パッケージングなどの**フォトリソグラフィー**と呼ばれるマイクロフォトグラフィーを行う高精度の機械は高価なものであり, 新しい"ファブの工場(ファウンドリー)"を建設するにはすぐに数十億ドル (数千億円) かかる. デジタルコンピューターの話に触れるときはいつでも, 非常に大きい数か非常に小さい数に行き当たるようである.

5.3 チップファウンドリーでのハイゼンベルク

半導体ファウンドリーでの複雑で精緻な作業は想像されるように無数のバリエーションがある. しかし私たちにとって重要なのは, パターンが光, つまり量子力学の法則に支配される**光子** (フォトン) によって転写されることである. したがってハイゼンベルクの不確定性原理は, 非常に競争が激しいチップ製造産業において試合の規則を決めている. チップの平面図はウエハー上に本質的には写真であるものによって照射されるので, 最も小さい特徴をどのくらい小さくできるかという限界は写真で用い

---

[d] 訳注 : 削り取ること.

られる光の波の性質によって決められている．シリコンウエハー上に照射できる最小の細部のサイズは使用される光の波長に比例し，波長が小さいほど小さくなる．したがって，周波数が高ければ高いほど細部は小さくなる．図5.1は，異なる距離で隔てられた2つの輝点の画像でこのことを表している．それぞれの点の像は，**エアリーディスク**と呼ばれるが，光の波の回折によってだんだん広がる同心円の列である．そして2つの点が近づくに（上の図から下の図に）つれてエアリーディスクは融合していき，もともと2つの点光源があり1つではなかったと見極めるのがいよいよ困難になる．

　光の分解能は使われる光の波長によって決定されるので，フォトリソグラフィーの歴史的傾向は深い紫の可視光線からますます深い紫外線へと，どんどん短い波長に向かっていっている．そして，これらの応用に向けたレーザーの開発に多大な努力がなされてきている．チップ上により多くのトランジスターを載せる能力に対して多くの

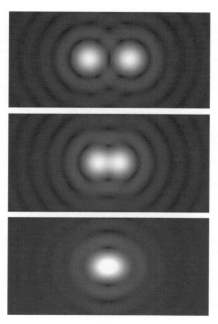

図5.1　丸い隙間を通った2つの点光源の像の回折パターン．2点が（上の図から下の図のように）近づくにつれて，それらは隙間によって生ずる光の回折のため見分けるのが難しくなる（*Wikimedia Commons* からのスペンサー・ブリベンによる画像）．

お金がつぎ込まれた結果，マイクロチップの製作のためのイメージング技術の開発において，どのような技術も見過ごされず，どのような秘訣も惜しまれなかった．しかしこの光に関する競争には，光の波の性質とハイゼンベルクの原理に従った限界がある．光子がもし理想的な粒子で波の性質を持っていないとしたら，光の回折は存在しなかったはずだ．

より多くのトランジスターをチップに搭載する必要に迫られたため，電子ビームやX線がトランジスターの製造で実験的に使用されるようになった．というのは，電子やX線は波長がより短い（エネルギーが高いほど波長が短くなる）からだ．したがって，シリコンリソグラフィーの歴史は，同じ基本的な限界を持った光学顕微鏡の歴史に従うと言えるかもしれない．

たとえば光学顕微鏡は人間の赤血球を問題なく写し出す．それは直径が8マイクロメートル，つまり8,000ナノメーターである[8]．可視光線の波長は500ナノメートルで，赤血球よりはるかに小さい．したがって赤血球は普通の光学顕微鏡でとても簡単に見ることができる．おもちゃの顕微鏡でさえ赤血球が見えるだろう．しかし，ウィルスの中ではかなり大きなウィルスであるインフルエンザウィルスは，直径がほんの100ナノメートルほどで，赤血球の80分の1の大きさである．したがって可視光線の500ナノメートルの波長では長すぎて，最良の光学を用いてもインフルエンザウィルスを解像できない．

光学顕微鏡が使えなくなったときに登場したのが電子顕微鏡である．電子は簡単に1ナノメートルオーダーの波長を持つことができる．インフルエンザウィルスの美しく詳細な像は100,000倍の拡大率で見られる．ここで最良の光学顕微鏡でさえ，通常約1,500倍の拡大率が限界である．繰り返すが，それはすべて量子力学の問題なのである．

5.4 ムーアの法則とシリコンの時代：およそ1960年以降？

1965年，フェアチャイルド・セミコンダクター社（Fairchild Semiconductor）の共同創業者で，後にインテルの共同創業者となるゴードン・ムーアは，ラジオ電子機器の業界誌『エレクトロニクス』（*Electronics*）の特別号に短い記事を書いた．今

後 10 年にわたる半導体産業の進化を予測するように頼まれたのである．彼の多くの業績にもかかわらず，彼はムーアの法則の名祖としていつまでも知られているに違いない．

　ムーアが外挿に用いたデータは実際まったくもって不十分であったが，彼の先見と直感の証拠であった．図 5.2 は彼が使ったものをすべて示している．このデータをさらに詳しく見るために，彼のグラフからおよその対数（底 2）を表にしよう．

　最初のコンポーネント数（構成要素数）の 1 個から 8 個へのジャンプは，1 つの集積回路のチップに複数のコンポーネントを載せることが可能になったのが 1959 年

年	対数	コンポーネントの数
1959	0	1
1962	3	8
1963	4	16
1964	5	32
1965	6	64

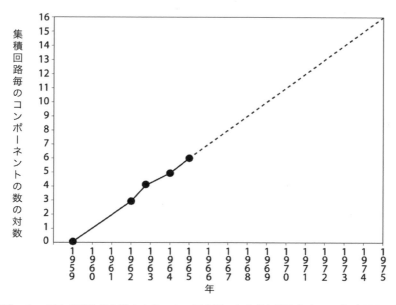

図 5.2　ムーアの 1965 年の論文より，ムーアの用いた非常に限られたデータ（IEEE の厚意による．*IEEE Solid-State Circuits Soc. Newsletter*, Sept. 2006, 33-35 より転載）．

のちょうど後であることを示している．このように数を簡単な表として表現すると，
回路ごとのコンポーネント数が**毎年倍増している**ような傾向が明らかになる．ムーア
はこの倍増比を採用したが，一抹の注意を払っている．"確かに短期間では，この増
加率が，増加するとまではいかなくても継続することが期待できる．長期間にわたっ
ては，この増加率はもう少し不確実であるが，少なくとも10年間ほぼ一定の増加率
を保つことがないと信じるに足る理由はない．"このようにして，ムーアは，1975
年には1つの集積回路に65,000個のコンポーネントが載るという数字にたどり着
いたのである．これが彼の予測の要約である．

　この論文での半導体の進歩の傾向に関する彼の評価は，実際には，チップに詰め込
むことのできるコンポーネント数をただ数えるより巧妙である．結局，ムーアは科学
者であると同時に実業家であり，当時のまだよちよち歩きの技術の可能性に対して起
業家の目を向けていた．

　チップの生産における重要な留意事項は**歩留まり**（*yield*）である．チップの一群
（バッチ）^eに対して必然的に不良品があり，1個のチップにより多くのゲートを詰め
込む技術を追求すればするほど歩留まりは低くなる．非常に保守的にすれば非常に高
い歩留まりが得られるが，チップ当たりのゲート数は少なくなる．非常に積極的にす
れば非常に低い歩留まりになるが，チップ当たりのゲート数はより多くなる．したが
ってゲート当たりの製造コストを最小化する最適なトレードオフ（スイートスポット）
があり，ムーアが彼の予測のための数字を得るためにこの評価を用いたのである（図
5.3を見よ）．

　あれやこれやで，ムーアの法則の形式は，すべて集積回路技術の進展の歴史と軌を
一にしており，トランジスターの密度が1年ごと，1年半ごと，2年ごと，あるいは
この線に沿った時間で2倍ずつになることを暗に予測している．図5.4は1970年
代初期から最近までのチップ上の実際のトランジスター数を示している．図5.5は
トランジスターを描くために，これらのチップにエッチングされた線の幅（いわゆる
最小加工寸法と呼ばれる）を同じ期間において示したものである．ムーアがこれらを
1965年に書いたことを考えると，彼の予測の正確さはほとんど神がかっている．

---

^e 訳注：製造工程では，一連のプロセスで連続的に生産されるが，そのとき，同じプロセスパラメーターを用いて生
産される一群の製品のことをバッチという．

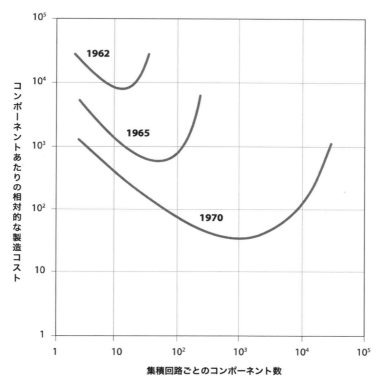

図 5.3 ムーアの 1965 年の論文より，彼が気にかけたトレードオフ（IEEE の厚意による．
IEEE Solid-State Circuits Soc. Newsletter, Sept. 2006, 33-35 より転載）．

　チップ技術の目利きたちは微妙な違いを論じている．チップごとのゲート数と最小
加工寸法，どちらを測るべきだろうか？　2 倍の変化に実際どれほどの時間がかかる
のだろうか？　ムーアの法則は実際に，ニュートンの万有引力の法則と同じ意味での
法則だろうか？　あるいは，市場の期待に応えるために，製造者の要求によって推進
された単なる自己実現的予測に過ぎないのだろうか？　これはどれも私たちにとって
は重要ではない．重要なのは一定期間に 2 倍になることで，これはゲートの密度の
指数関数的な増加の定義なのである．

　物理学者のジョージ・ガモフによる『1,2,3,… 無限大』という古典的名著がある．
私は少年の頃にこの本に初めて出会った．その魅力の 1 つはガモフ自身によって描
かれた絵である．最近半世紀ぶりにその本を読んだが，それらは私の心の中でいまだ

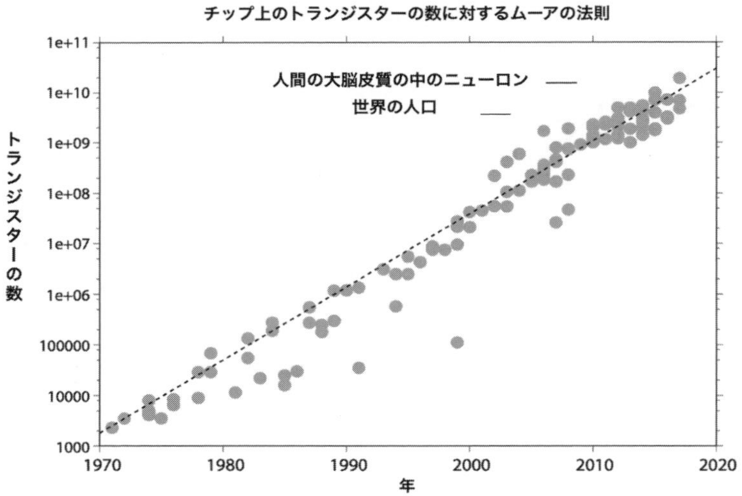

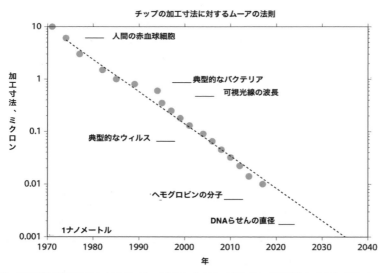

図5.4 西暦年に対する商用のチップ上のトランジスター数．このグラフの上限は1,000億，およそ人間の脳におけるニューロンの総数である（https://en.wikipedia.org/wiki/Transistor_count からのデータ．2007年9月11日にアクセス）．

図5.5 西暦年に対するシリコンチップ上にトランジスターを印刷するのに用いられる最小加工寸法．いくつかの典型的な小さいものの大きさも示した．ミクロンは100万分の1メートルで，1ナノメートルはその1000分の1である（https://en.wikipedia.org/wiki/Semiconductor_device_fabrication からのデータ．2017年9月10日にアクセス）．

図 5.6　大宰相シッサ・ベン・ダヒールが王シャーハムの前に跪き，チェスの発明への褒美に対する彼の謙虚な提案を説明しているところ．Gamow（ガモフ）（1947）より（Dover の厚意による．*One, Two, Three...Infinity : Facts & Speculations of Science*. Viking Press, New York, 1947. 改訂版：1961, 再版：Dover, 1988).

驚くほど鮮明であった．図5.6は大宰相シッサ・ベン・ダヒールがインドのシャーハム王の前で跪いている彼のスケッチである．ガモフは，熟練の数学者である大宰相がチェスを発明したことに対して，王が褒美を与えようとしたと述べている．

　宰相は「チェス盤の最初の升目に小麦の粒を1粒置き，2番目の升目には2粒を，3番目には4粒を，そして，4番目には8粒を置いてください．そして同じように，王様，続く升目ごとにその数を倍にして，盤のすべての64の升目を覆うのに十分な小麦の粒をください」と頼んだ．王様はこの奇跡的なゲームの発明者への贈り物に対する寛大な提案があまり財宝を必要としないとの考えを静かに楽しみながら「お前はあまり望まないのだな．私の忠実な家来よ．」と答えた．シッサ・ベン・ダヒールの要求は謙虚なものとははるかに違っていた．ガモフは世界の小麦の生産量が（1947年の著作だが）20億ブッシェルだと推定した．小麦の生産量は今ではその約10倍である．彼は1ブッシェルに約500万粒の小麦があると仮定した．今日の200億ブッシェルに1ブッシェル当たりの500万粒を掛けると，世界では1年におよそ10^{17}粒の小麦が生産される．一方チェス盤の小麦の粒の総数は，小麦の最後のブッシェル

が王の前に運ばれるときおよそ 2^{64}, すなわちおよそ 1.8×10^{19} 粒になる．そのため宰相への贈り物は現在の世界の小麦の生産量のおよそ 180 年分になる．これが指数関数的成長の威力である．ここにもう 1 つの古典的な例がある．1969 年の "幾何級数の威力（The Power of Progression）"[11] という名のエッセイで，アイザック・アシモフは人口の明らかな指数関数的増加に従って，その論理的帰結へと至った．彼は次の質問をしている．人口が 47 年ごとに倍（1950 年から 1969 年の期間で見積もった比率）になるとしよう．地球上のすべて場所がマンハッタンの人口密度になるのにどのくらいかかるだろうか？ 簡単な計算だと 585 年かかる．もし面倒でなければとアシモフは続け，同じ比率で倍々になれば，6700 年で全宇宙の質量は人間の肉に置き換わるだろうと推測している．

　現実の世界での指数関数的成長は，決して無限には続かない．最終的な結果はいつも不条理なので，いつも何かが変わっている．王は小麦を使い果たし，人々は惑星を使い果たし，米国政府は債券への利子の支払いを止めている[12]．

5.5 指数関数の壁

　今までに読者を自然法則の衝突のコースへと導いてきたことは明らかだろう．ハイゼンベルクの不確定性原理はシリコンウエハーにどれほど細い線を描けるかということに基本的な制約を設け，量子トンネルはトランジスターのすべての重要なチャネル（あるいは等価なゲート構造）をどれほど狭く作れるかという制約を設ける．結果的には，指数関数的に増加する半導体チップの密度は遅かれ早かれ行き詰まる．図 5.5 を考えよう．直線を下の方に引き続き伸ばしていくと，シリコンチップにトランジスターをエッチングするのに必要な加工寸法は，2040 年より前に結晶自身のシリコン原子間の距離まで小さくなり，シリコンチップ上のトランジスターがそれより小さくならないことは間違いない．私たちは，現在のシリコンチップのパラダイムの基本的な物理的制約に近づきつつあるのである．

　しかし，いかなる "進歩の終焉" も恐れる必要はない．ムーアの法則は終焉するかもしれないが，コンピューター産業の熱狂的な進歩は続かなければならない．コンピューターはあまりにも便利で，人々はコンピューターに依存しすぎており，それへの

欲求を満たすためにあまりに多くのお金が使われている．この進歩は2つの戦線である**ハードウェア**と**ソフトウェア**で起きうる．そして今まではほとんどハードウェアに専念してきた．離散的状態というアイデアを半導体の結晶の中で体現することで世界を変えてきた．しかし今，新しい燃料がこの火に必要である．

ハードウェアの進歩に対して有力視される方向性は量子力学によって提供され，これは今日の従来型で古典的なコンピューターの物理的制約を規定した同様の素晴らしい知識の主要部である．しかし計算のための，新しい物理的によって立つ場所を探すのは長期的命題のように見える．したがってハードウェアの戦線をしばらく離れ，後でその戦線と量子コンピューティングに戻ろう．

今はソフトウェアの可能性と，それだけでなくその制約にも向かうときである．いつものように，私たちの視点は高所からのものとする．プログラムはここでは書かれない．

音声と画像

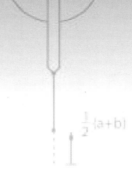

第6章

ビットからの音楽

6.1 1957年のモンスター

　今日，誰かがコンピューターを使っているのを観察しよう．彼女が3つのメディア，すなわちテキスト，音声，そして画像（動画を含む）を扱っていることに注意されたい．テキストがコンピューターでどのように格納され処理されるのかを理解するのは簡単である．なぜならテキストは，それ自身本質的に離散的であるからである．しかし音声や画像は，今日のコンピューターでは当たり前だと考えられているが，まずは本質的に**アナログ**なのである．音声と動画のアナログとデジタルの世界を行き来するのに，第1章で触れたA-D変換器やD-A変換器が必要である．これらはパーソナルコンピューター革命に入るまでは，十分に速くも，小さくも，安くもなかった．

　ここで私にはいくつか複数の視点を持っているという強みがあるので，1957年の夏に私が最初に使ったコンピューターであるIBM 704を簡単に振り返り，あなたに舞台を整えよう．図6.1は信ずるところ私が使ったコンピューターとまさに同じもので，マンハッタンのアップタウン[a]にあった“IBM世界本社（IBM World Headquarters）”と当時控えめに呼ばれていた超高層ビルに荘厳に鎮座していたものである．

　IBM 704はトランジスターではなく真空管を使った最後期のコンピューターの1つであった．（右側にある）テープドライブは冷蔵庫の大きさで，キャビネットの高さのガラスのドアや，横にはテープの緩みをとるための真空コラムがあった．プログラムを走らせるには，私のオフィスから図のマシーンルームがあるアップタウンまで

---

[a] 訳注：ニューヨーク市マンハッタンの57th Streetと Madison Avenue の交差点に位置した590 Madison Avenue の高層ビルである．https://en.wikipedia.org/wiki/590_Madison_Avenue
https://www.ibm.com/ibm/history/exhibits/vintage/vintage_4506VV2045.html アップタウンは通常，59th Street より北のセントラルパーク近辺の高級住宅街を指している．

図 6.1 IBM 704. およそ 1954 年ごろ. あなたのラップトップはこのマシーンよりも大体 250,000 倍速く 100,000 倍の RAM を持っている（出典：*IBM 704 Manual of Operation*, 1954）.

のタクシーでの移動で始まる午後いっぱいの大がかりな事業だった. そこではマシーンの使用開始時刻と終了時刻をタイムカードに記録し, 事前に用意したパンチカードの箱やテープの大きなリールをそこに持って行った. ラインプリンターが私の計算結果をガチャガチャと印刷すると（今でもそのインクの匂いや視線を導くための水平の緑色の線を交互に走らせた紙を覚えている[b]）, テープやカードデッキと出力を回収し, タクシーでダウンタウンまで戻り, その結果を熟考するのだった. もしプログラムにバグがあれば, 別の枠に予定を入れ, タクシーで往復し, もう一度午後いっぱいの時間を使うことを意味した. 1 つのプログラムを走らせるためにである.

　そのとき IBM 704 は世界で最速のマシーンの 1 つだった. つまり当然 "スーパーコンピューター" だった. それはどのくらい速かったのだろうか？　幸いなことに, 私は IBM 704 のマニュアルを持っている[1]. このマシーンの基本サイクルタイムは 12 マイクロ秒だが, 最も速い命令でも 2 サイクルを必要とした. 浮動小数点演算はおよそ 20 サイクルかかった. したがってこのコンピューターの基本速度は大体 4 KFLOPS であった[c]. ここで FLOPS（フロップ）は 1 秒当たりの浮動小数点演算の回数で, KFLOPS は 1,000 FLOPS である. さて, 現在の最速のマシーンはどれほど速いのだろうか？　現在最速のスーパーコンピューターは数百万個のプロセッサーを並列で動かしている. そこで公平を期すために 704 を私の頑丈なラップトップと

---

[b] 訳注：https://www.forest.co.jp/Forestway/gi/602937/
[c] 訳注：1 秒に $10^6/12$ サイクル. したがって, $(10^6/12)$/FLOPS. これは, およそ 4 KFLOPS である.

比較してみよう．これは約 2 GHz（0.5 ns のサイクルタイムに相当する）のクロック周波数を持ち，約 10 億 FLOPS で実行可能であろう．しかもこのラップトップは，浮動小数点演算をパイプライン処理でき，さらに複数のプロセッサーを持ってさえいるかもしれないので，浮動小数点演算に 20 サイクルは必要ない．これは 704 よりも約 250,000 倍も速く，私のラップトップの 1 秒間の計算には，私が 1957 年に使った IBM 704 では約 3 日間必要だろう．バックパックに入れられる 4 ポンド（約 1.8 kg）のデバイスにしては悪くない．

メモリーの進歩もまた驚くべきである．704 のランダムアクセスメモリー（RAM, random-access memory）は磁気コアメモリーを使っており，それはとても高価で大きく，最大のマシーンでさえいつも高速なメモリーに窮していた [2]．最大のメモリーサイズは 32,000 ワードで，各ワードは 36 ビットだった．つまりこれらの巨大なマシーンで最大のものの RAM は 150 KB 弱で，これは今日の簡易食堂のスープ 1 杯分よりも安いフラッシュドライブの容量の 10 万分の 1 より小さい．

これらの進歩の指標は印象的でよく知られている．しかし次に私が指摘したいのは，704 が狭い一画で痛々しいほどにのろのろ動くだけでなく，それはまた耳が聞こえず，口がきけず，目が見えず，今日の標準では隔離されている状態であったことである．

6.2 D-A 変換器に巡り合うチャンスがやってきた

私はその後 6 年たって初めて D-A 変換器を見た．そのときまったく偶然に，2 つの糸が絡み合ったのである．デジタルフィルターに関する博士論文を書き終えた後，私はプリンストン大学で教え始めたのだった．そのとき音楽学部のとても冒険的な 2 人の作曲家たちが大きな D-A 変換器から音楽をうまく手に入れようとしていた．この D-A 変換器はコンピューターミュージックの先駆者であるマックス・マシューズ [d] を介して，ベル研究所から大学にちょうど寄付されたものであった．その時点まで，プリンストンのコンピューターミュージックの作曲家たちは，彼らのデジタルテープを変換するために，ベル研究所まで往復 80 マイル（約 128 km）を運転しなければ

---

[d] 訳注：コンピューターミュージックのパイオニアの 1 人，当時，ベル研究所の音響・行動研究センターのディレクターだった．

ならなかった．この運転は，私が上で触れたマンハッタンのタクシーでの往復よりも
さらに骨の折れるものだった．

　私は，2人の作曲家，ゴッドフリー・ウィンハムとジム・ランドールが奮闘してい
た部屋の前を偶然に通りかかり，図6.1に示されたものとまさに同じような彼らの
テープドライブから聞き慣れたカタカタという音を耳にした．さらにある警報のよう
な，とても音楽とは呼べない音も聞いた．そこで私はその部屋に首を突っ込み，彼ら
に何をやっているのですかと尋ねた．すると彼らはデジタル版の共振器を作ろうとし
ていると言ったのである．それは音叉のようなもので，鉄の棒のかわりに数を用いて
いた．しかし，その結果は鳴り響く音（ソノリティ）というよりも不協和音であった．
私がこの数年この種の問題を考え続けてきたと言ったとき，彼らは少し懐疑的だった
ように思う．結局のところ，私は，明らかに道から外れて予告なしにふらりと入って
来た見知らぬ人間で，しかもむしろ若く不躾な者だったのである．しかし私は彼らの
信用を得たのだろう．その出会いの機会はコンピューターミュージックの作曲家たち
との何年にもわたる楽しい協力関係の始まりになった．

　彼らのデジタル共振器の何が悪かったのかについて触れておこう．そのD-A変換
器は**固定小数点**の数値，すなわち整数を入力としていた．音の各サンプルにたとえば
12ビットが使われたとすると，変換器は，4,096（＝2^{12}）個の可能な数から選ば
れたものを受け取ることを期待していた．これは変換器が扱える最大値の大きさにむ
しろ限定的な制限があることを意味しており，それ以上の数値が変換器に与えられる
ととてもひどいことになる．それが問題だった．そのデジタル共振器の出力信号は変
換器の範囲から外れていた．この問題に対する解決法は計算された信号がD-A変換
器に入力される前にレンジに合うように**調整し**，相応の大きさにすることだった．私
は博士論文でデジタル共振器のようなものに関して研究してきていたので，ゴッドフ
リーとジムに必要な調整因子を提供するのは難しいことではなかった．実際それは現
在のデジタル信号処理の入門コースの宿題ほど難しくはなかった．しかしそのときは，
南太平洋の島に巨大なシルバーバードで上陸したような気分だった[e]．

---

[e] 訳注：カーゴ・カルトを意識している．第二次世界大戦中に飛行機で降り立ち西洋の先進的なものをもたらしたことを意
識して，神様が素晴らしいものを持って降り立ってくるというメラネシアなどの信仰．Lamont Lindstrom, *Cargo
Cult : Strange Stories of Desire from Melanesia and Beyond*, Univ. of Hawaii Press, Honolulu, 1993, p.111.

6.3 サンプリングとムッシュ・フーリエ

　前節で，D-A 変換器に入力されるものを指すのに**サンプル**という言葉を先走って使った．あなたがそれに煩わされなかったとしたら，おそらく，音声がデジタルコンピューターに数字の形で取り込まれるなら，その音声はサンプリングされなければならないということが常識だからであろう．しかし，サンプリングされるとは厳密に言えばどういうことだろうか．

　音は収縮と膨張の交互の波で空気中を伝わり，**縦波**（*longitudinal* wave）と呼ばれる．これは**横波**（*transverse* wave）とは対照的で，横波は局所的に，たとえばギターの弦のように左右に動く．スリンキー[f]では両者の波を起こすことができ，その波は自由端を押すか横に揺らすかによって発生する．マイクロフォンは空気中の圧力波を電圧信号に変換する．サンプリングされるのはこの信号であり，ほとんどいつも規則正しい間隔でサンプリングが行われる．

　すると私たちは次の自然な問いに遭遇する．音声を忠実に表現するのに（マイクロフォンからの電圧信号で表現するとしたら）音波をどのくらい速くサンプリングしなければならないのだろうか？　1秒間に何回サンプリングするのだろうか？　これに対して，約200年前のジャン＝バティスト・ジョゼフ・フーリエの仕事に由来する，周波数成分に基づいた，とても美しくそして簡単に表現された基準がある．

　もちろん音声を含むどの信号も異なる周波数の総和で構成されていると見なすことができる．これは以前ノイズの議論で遭遇した深淵な考えであり，その結果のいくつかを示すのに時間を割く価値がある．数学には深入りせずに，任意の信号を対**時間**，あるいは対**周波数**のプロットとして，マイクロフォンからの電圧信号のように見ることができることが分かる．より技術的な用語で言えば，信号を**時間領域**，あるいは**周波数領域**のどちらかで見ることができる．時間領域から周波数領域に導く規則は**フーリエ変換**と呼ばれ，逆の規則は**逆フーリエ変換**と呼ばれる．このようにして，情報の損失なく自由に時間領域と周波数領域を行き来できるのである．

---

[f] 訳注：バネ状になった玩具で，日本ではレインボースプリングと呼ばれている．

時間領域での信号に対する特定の操作が，周波数領域での他の操作に相当することはまた重要である．大雑把に言えば，時間領域で起きるすべてのことは，適切なレンズのようなものを通して，周波数領域でも起きるということである．そのような状況では，2つの領域の間に**同型写像**があるという[4]．レンズのたとえは空想的なものではない．実際，普通のガラスのレンズは，空間の（2次元の）信号と見なされる画像のフーリエ変換を見つけるのに使うことができる[5]．

6.4 ナイキストのサンプリング原理

現実世界の信号は，どれほど高い周波数を含むことができるのかという点でつねに制限されている．その理由はトランジスターがその動作速度に限界がある理由と似ている．つまりすべての電子的な装置は一定量の静電容量を持っており，これが電荷を蓄積する速度に制限を与え，電圧の変化速度に制限を与えている．機械的な装置は対応する慣性量を持っている．これらの要因が特定の物理環境で現実の信号が含むことのできる最高周波数を制限している[6]．要するに信号の**最高**周波数をサンプリングすることだけを心配すればいいのである．それより低い周波数は，与えられたサンプリングレートで表現するのはもっと簡単でより難しくはないのである．

さて明らかに発見的方法（ヒューリスティック）ではあるが，十分に速いサンプリングのための上記の基準を導き出す準備ができた．ある周波数の“純粋な”音色というアイデアはしばしば**正弦波**として紹介される．これはよく知られた波の形で，上昇し水平になり，そして下降しまた水平になり，それが続いていく．**正弦**関数は次の理由で“回転する”関数として参照される．水平に回転する円盤を想像してみよう．何ならルーレットの回転盤を想像してもよい．この円盤には縁の近くの固定点に光（たとえば LED）が貼り付けられている．部屋を暗くすれば，ある一定の速度（“1秒間当たりの回転数”という定まった周波数（Hz））で光が連続的に回転するのが見られるだろう．もし跪いて回転盤を横から見れば，その光は前後に動き，実際，正弦波と呼んだ波の形を正確に表すだろう．これはとても便利である．というのは，起伏する波よりも簡単に視覚化でき，より正確に描ける回転盤を考えることができるからである．余談として，数学的ではあるが，物理学者やエンジニアがこの正弦波のもう1

つ別の表現である，**フェーザー**と呼ばれる複素数値関数の形を頻繁に使っていることを指摘しておこう．リチャード・ファインマンは *QED*（『光と物質の不思議な理論：私の量子電磁力学』）という素晴らしい小さな本を書き量子電磁力学を簡単な形で説明し，全体を通して小さな回転盤の絵を使用している[7]．

さて，円盤が回転する際に LED をずっと点けておく代わりに，LED を定期的に点滅させよう．各点灯は円盤の回転に合わせた小さな光の位置のサンプルに相当する．円盤を回転するごとに何度もサンプリングすれば，円盤の回転の実際の速度を表現するのに何の問題もない．しかしもっと遅いサンプリングで済まそうとすれば，円盤の各回転に対して**ちょうど２回**サンプリングする点に達し，光の小さな点は 180° 離れた２つの点を行ったり来たりするだけだろう．もっと遅いサンプリングで済まそうとして，光の点滅（サンプリング）を１回転当たり２回弱とさらに遅くすると，もっと悪い（しかし興味深い）ことが起きる．小さな光点は実際の方向とは**逆**方向に回転するように見えるのである．点滅を回転ごとにただ１回まで遅くすれば，点滅する光は止まって見える．回転ごとに１回よりも遅くすれば，小さな光点は正しい方向に，しかしとても遅い速度で，円盤の真の速度よりもはるかに遅く回転し始めるだろう．

これは古い西部劇の映画の中で駅馬車が止まろうとしたとき，まさに起きていたことである．馬車の車輪は反対の方向に回転して見える．減速すると順方向に回転を始め，正しい方向に回転しているように見えるまでになる．そしてますますゆっくり回転して，最終的に停止する．この現象の背後にあるサンプリングは映画のカメラのフレームレートである．それらは１秒当たり 24 フレームに標準化されていた．馬車の車輪が１秒当たり 12 回より早く回転するとき，回転ごとに２回より少ないレート（頻度）でサンプリングした効果になっており，映像は車輪の速さの見かけの表現を表している．実際，デジタル信号処理（DSP）の専門家たちはこのような見かけの周波数を真の周波数の**エイリアス**と呼んでいる[8]．

さて，この想像上の実験から，約束されたエレガントな結論を引き出せる．信号の周波数を忠実に捉えるためには，信号の最高周波数の少なくとも２倍のレートでサンプリングしなければならない．逆に言えば，あるレートでサンプリングするとすれば，信号に現れる最高周波数をサンプリングレートの**半分**に制限しなければならな

い．この後者のレートは，今では**ナイキスト周波数**と呼ばれる．

　ハリー・ナイキストはベル研究所で働いていた．その研究所は明らかな理由で，20世紀初頭以来，通信の問題に非常に関心を持っていた[9]．彼は彼の原理を Nyquist（ナイキスト）（1928a）で説明しているが，その説明は90年ほど前の古い電信用語でなされており，必ずしも分かりやすいものではない．しかしナイキストの原理（時折，ナイキストのサンプリング定理と呼ばれる）はそこにある．現代の世界でこれが意味するのは，たとえばオーディオ信号は通常周波数が 20 kHz[g] より（かなり）小さく制限されているが，少なくとも 40 kHz のレートでサンプリングされる必要がある．実際，コンパクトディスクで採用されている標準のサンプリングレートは44.1 kHz である．まったく同じアイデアがビデオ信号の A-D 変換にも適用されているが，そのレートはもっと高いものである．

6.5　デジタルのもう1つの勝利

　ナイキストの原理は**必要**条件として述べられていることに注意されたい．それは信号の最高周波数の少なくとも2倍のレートでサンプリングしなければならないことを言っているが，このレートでのサンプリングがもともとのアナログ信号のとくに正確な表現をもたらすことは保証していない．最高周波数の2倍でのサンプリングが元の信号を**完全に**決定するために必要なだけでなく十分でもあるということは驚くべき事実である[10]．

　ナイキストの原理のはるかに強力で重大なこのバージョンは，クロード・シャノンによって正確にかつ一般的な用語でその21年後に述べられた．シャノンは，非常に影響力を持ったベル研究所のもう1人の研究者であり，私たちは再びすぐに出会うだろう．Shannon（シャノン）（1949）で，彼はそれを"定理1：関数 W が cps [Hz] よりも高い周波数を何も含まなければ，それは $1/(2W)$ 秒おきに離れた一連の点の座標が与えられれば完全に決定される"と述べている．実際，その結果はナイキスト - シャノンのサンプリング定理と時折呼ばれる[11]．

---

[g] 訳注：人間が聞こえる周波数（可聴周波数）は大体 20 Hz から 20 kHz である．

　私はシャノンの発見的な観察がとても好きだ．それは上述の円盤上の光の点滅に関連しているが，まったく同じではない．彼は与えられたアナログ信号の最高周波数 W に対する**周期 $1/W$** という用語でその原理を述べている．"これは通信技術においては常識である．直感的な理由は，［アナログ信号が］W より高い周波数を含まなければ，この最高周波数の半分のサイクルより短い時間で，実質上新しい値に変化することはできないのである."すなわち $2W$，つまり最高周波数の 2 倍のレートである．

　本節のタイトルのように，これは物事をデジタル的に行うことの大きな勝利である．ナイキストの原理によって要求されるレート（あるいはもっと速いレート）でサンプリングすれば，原則的にはそのサンプルから元のアナログ信号を**完全に**再構築できるのである．理論的には，アナログで行いたいことをデジタルの領域でなんでも行えるのである．この点はもう少し熟考する価値がある．それが今日 DSP（Digital Signal Processing，デジタル信号処理）と呼んでいるものを大きく正当化するのである．

　もちろんこのプロセスには避けられない欠点がある．簡単にそのいくつかを述べよう．それらは全体像において重要な部分ではない．なぜならそれらの影響は，より速いスピードとストレージを用いることによって望むだけ小さくすることができるからである．

　最初の欠点はアナログ信号からサンプルの値を計測する際にどうしても正確性に限界があることである．コンパクトディスクが採用した規格は 16 ビットで，これは，2^{16}，つまり 65,536 通りの区別可能な異なるレベルがあることを意味している．もっと正確にすることは可能であるが，通常はその手間や費用が見合わない．ノイズはいつもあなたのオーディオシステムのどこかに，あるいはマイクロフォンやプリアンプの電子機器，音響環境，バックグラウンド，そしてシステムのアナログ部分の他のどこにでも隠れている．16 ビットの分解能をはるかに超えれば，通常は聞こえないノイズを捉えるのに多大な努力を費やしてしまう．

　A-D 変換プロセスでのもう 1 つの欠点は，デジタルオーディオの歴史の初期に潜在的な問題として明らかになったもので，ナイキストの原理の要求に由来している．円盤の光の点滅の描写で説明したように，サンプリングレートの半分，すなわちナイキスト周波数を超えるかもしれない周波数は，サンプリングプロセスによってナイキスト周波数より低く"エイリアスダウン"され，これらの望まれない周波数での音声

はとても煩わしいものになり得る．実際，音楽ではとてもひどいものになる．なぜなら一般的にこれらの望まれない音声での周波数はもともとのアナログ音声といかなる調和的な関係も持たないからである．したがって，実際にはアナログ信号をサンプリングする前にナイキスト周波数より高い周波数を**ローパスプレフィルタリング**（*lowpass prefiltering*）と呼ばれるプロセスでフィルターする（取り除く）．しかし，望まない高周波数をブロックするという完璧な仕事ができるようなフィルターはないというのが事実である．サンプリングの前に十分にフィルタリングして，エイリアシングを許容できるほど低いレベルに減らす必要がある．

　ところで，動画のサンプリングも同じように働くと折に触れ注意を喚起してきたが，今までは音声のサンプリングに焦点を当ててきた．正直に言えば，1つの理由は音声処理が私にとってまさに重要なものだからである．もっとも，一番の理由はデジタル画像が2次元でのサンプリングを必要とし，もっと複雑だからではあるが．実際，デジタルテレビは3次元でのサンプリングを必要とする（画像が動いている）．そしてデジタルテレビの発展は，ムーアの法則の進展によるハードウェアの爆発的な成長があってさえも，デジタルラジオにおよそ20年遅れたのである．

　デジタル画像処理においては，エイリアシングのよく知られた例がある．それは**モアレ効果**（*moiré effect*）と呼ばれている．たとえば細い縞のシャツは適切な条件のもとで波模様に揺らめくだろう．なぜなら縞はナイキスト周波数よりも高い周波数で，したがって低い周波数にエイリアシングされるからである．そのシャツがカメラに対して動くとき，角度が変化して，エイリアシングは連続的に変わる．また同じ理由で，新聞の写真のように小さな点でできた書類をスキャンする際にエイリアシングに遭遇できる．スキャナーは通常その出力を向上するためにソフトウェアを使っている．そのソフトウェアは，オーディオシステムでのローパスプレフィルタリングとまったく同じように，高い周波数を抑制するためにもともとの写真をフィルターする．デジタルカメラは，もちろんわずかではあるが，何らかの方法で効果的にイメージをぼやかしてローパスフィルタリングを達成できている．

　デジタル信号処理の興味深く有用な面のいくつかは，精度とエイリアシングの問題に対処する賢い方法に関連している．たとえば精度を落とす代わりにより高速にするトレードオフはしばしば可能であり，時にはより高速で精度を落とした機器を作る方

が費用対効果が良かったりする.

6.6 もう1つの同型写像

　ここまでの話をまとめると, オーディオと同じようにビデオの信号を, アナログ形式と同様にデジタル形式でも処理できることが分かる. 実際, 信号を時間領域か周波数領域かで見ることができたように, 信号をアナログ領域かデジタル領域かで見ることができる. 信号の最高周波数の2倍でサンプリングすることを考えるとき, この1つの例を見てきた. この場合, ナイキストの原理によって, (原理的には) まったく誤差なしでアナログ信号とそのサンプリングされたものとの間を行き来できる. ナイキストの原理の結論は, 制限された周波数のアナログ信号の領域とそのサンプリングされたものの領域の間には同型写像があるということである.

　ところで, アナログ信号とデジタル信号の同型写像はこれだけではない. もう1つ, アナログ信号に含まれる周波数に制限を要求しないものがある [12]. どのようにその同型写像がエイリアシングを避けるのか疑問に思うかもしれない …… いいだろう, それはサンプリングを用いず, むしろ別の何かもっと複雑な方法でアナログ信号からデジタル信号を得るのである. ここではその詳細は重要ではない. 要点は, アナログ信号処理とデジタル信号処理が一般にまったく同等であるということなのである. それは私たちが, 今日私たちを取り巻いているデジタル機器上の音声や写真を当たり前のものと考える実際の理由である.

第7章

ノイズの多い世界での通信

7.1 クロード・シャノンの 1948 年の論文

　前章の始めで探ったテキストや音声や画像を使っている今日のコンピューターユーザーに戻って観察してみよう．彼女が，おそらく何百マイルも何千マイルも離れているかもしれない他のコンピューターと情報を送受信するまで，それ程かからないだろう．そのような通信は光ファイバーや銅線，もしくは電波を必要とし，どれをとってもある箇所から別の箇所に送ることのできる情報の伝送レート（速度）には明確な限界がある．実際，**どの**媒体を通しても，情報を送るレートにはつねに限界がある．なぜだろうか？　その答えは私たちを，繰返しのテーマに，そしてアナログ計算と集積回路の製作における限界についての議論へと引き戻す．世界は本質的に避けようもなくノイズにまみれているのである[a]．

　当然のことながら，ノイズの多い媒体を通した通信の一般的な問題は，ベル研究所という非常に優れた電話会社の研究機関の注意を引いたのである．ベル研究所といえば，ナイキストとシャノンの両名を雇っていたことを記憶しているだろう．ナイキストが彼のサンプリング原理を示して 20 年後に，シャノンは科学では一般に極めてまれなことを成し遂げた．**情報理論**として知られるまったく新しい分野を独力で一気に築いたのである．ソ連の数学者のアレクサンドル・ヒンチン曰く「数学の世界では，新しい分野が，その最初の研究で成熟し，発展した科学理論という性格を達成することは滅多に起こらない．」[1]彼が言及しているその驚くべき論文は Shannon（シャノン）（1948）である．

　シャノンの 1948 年の論文は，実際に 2 つの実質的な部分で，ヒンチンが言った

---

[a] 訳注：noisy を「ノイズの多い」や「ノイズにまみれた」と訳したが，「ノイジーな」とも言う．

ことをまさに成し遂げている．華麗なる一撃で本格的な分野を確立したのである．その分野は数学（もっといえば確率論）と通信工学の双方の一分野であったので少し特別でもあった．物事をなすのにデジタル手法がアナログ手法になぜ取って代わったかについて，情報理論がさらにもう1つの理由を提供している．どのように提供しているかを見るために，シャノンの中心的で，実は非常に驚くべき結果である**通信路符号化定理**（*noisy coding theorem*）としばしば呼ばれるものを，いつものように非公式で非数学的な方法で吟味しよう．それはノイズの多いチャネルを通して情報を伝送できるレートについてのもので，そのためまず“情報”がどのように測定されるかについて記述しなければならない．

しかし先に進む前に，1つの重要な区別をしておかなければならない．情報をある点から別の点にいかに速く送ることができるかという基本的な限界について語る際に，パイプ内の水のように情報が流れることのできる伝送**レート**（速度）と，特定のビットの送受信間の**遅延**あるいは**レイテンシー**（遅延時間）を区別しなければならない．後者の場合，基本的な限界は光の速さであることが分かっている．前者の場合，これは通常ストリームデータの利用者にとっての制限要因であるが，ここで働くのがシャノンの通信路符号化定理である．たとえばインターネットの接続速度をテストするとき，1,000分の1秒単位で測られるレイテンシーではなく，むしろ1秒間に何百万ビットかで測られるレートが通常気にかかるのである．

7.2 情報の計測

情報の計測をどのように行うかを見るために，表と裏，どちらにも偏っていない硬貨という意味での“公正な硬貨”を投げ上げることを考えよう．通常の言い方では，表と裏の出方は同等，もしくは“五分五分”という．もっと形式的には，表か裏が出る**確率**はそれぞれ 1/2 であるという．気象予報士は統計的な防衛策（ヘッジ）をうまく使っている．気象サイトをちょっと見れば“カリブ海の中東部で強く急速に発達している熱帯低気圧は 70% の可能性でハリケーンに発達します”と言った具合である．

硬貨を1回投げ上げ，その結果をあなたに伝えなければ，ある程度の不確実性を

あなたに抱かせることになる．あなたにその結果を伝えれば，その不確実性が消し去られる．これを，私があなたにいくらかの情報を与えたと言おう．**情報が不確実性を取り除く**ということは単純だが重要な洞察である．どれほどの情報があなたに与えられたのだろうか？　公正な硬貨を投げ上げるという単純な場合は簡単である．公正な硬貨を投げ上げた結果の情報は1ビットであると言おう．硬貨を2回投げ上げれば，その結果の情報は2ビットであると言おう．ただし，2回目の投げ上げは1回目の投げ上げに何ら影響を受けていないという条件のもとである．独立した3回の投げ上げは3ビットで，以下同様である．

　硬貨の投げ上げのような一連の事象を考えるための有用な方法は，可能な結果の総数を考えることである．1回の投げ上げでは同等に起こり得る結果は2個ある．2回の投げ上げでは同等に起こり得る結果は4個ある．3回の投げ上げでは同等に起こり得る結果が8個あるというふうに続いていく．ここで何が起きているのかが分かるだろう．情報量は，可能な結果の総数を得るために，1に2を何回掛ければいいかという回数である．各投げ上げで可能な結果の数は2倍されていく．"ある数を得るのに1を2倍ずつする必要回数"には別の呼び方があり，それはその数の"対数"，あるいは（底が2の）log であるという[b]．ここでは底が2の対数にこだわるが，底がたとえば10の対数も同様に扱うことができる．しかし，底を変えるとスケールファクター（スケール因子）が導入され，情報の単位が変化する．たとえば底が10の対数を用いれば，2進法の代わりに（ご推察の通り）**10進法**の単位の情報が生み出される．ちなみに10進法の1桁は大体3.322ビットである[c]．

　ここで，世界のどこかで何か―硬貨の投げ上げやハリケーン―が起こり，あなたはそれに気がついていないとしよう．私があなたにメッセージを送ってその結果を知らせるとき，次の情報量をあなたに与えたと言おう．それは，あなたが受け取ることができたであろうメッセージ総数の対数である．ここでそれらのメッセージは同様に確からしいものである．したがって，メッセージの受信時に，メッセージの情報量を**硬貨の投げ上げと同等な数**であると考えることができる．**公正な硬貨を10回投げ上げ**

---

[b] 訳注：底が2の対数を二進対数と呼び，通常 $\lg n$ や $\log_2 n$ と表記する．しかし，本書では，通常，底が10の対数（常用対数）を表している $\log n$ を $\log_2 n$ として使っているので注意されたい．

[c] 訳注：$\log_2 10 = 3.3219...$ に注意．

れば，あなたに送ることのできる可能なメッセージは 2^{10} 個である．つまり，最初の
投げ上げで表か裏，2回目の投げ上げで表か裏，以下同様である．そのようなメッセージの情報量は 2^{10} の対数，つまり 10 ビットである．

　今まで，同様に確からしい事象を取り扱う際の情報の計測の仕方を議論してきた．70% の可能性（あるいは同じことだが 0.7 の確率）を持ったハリケーンはどうだろうか？　今から2日後にハリケーンが発生したかしなかったかをあなたに伝えるとき，どれほどの情報があなたに送られるのだろうか？　次に，同様に確からしくない2つの事象を取り扱う場合の情報の測度を導こう．その測度はとても自然なもので，他のどの測度（スケールファクターまでも）が私たちの望むような性質を持っていないという意味で一意のものであることが判明する．情報理論に関する標準的な教科書は通常その測度を定義し，その性質を証明している[2]．しかし私たちはその代わりに非公式の方法でそれを動機づけることで満足しよう[3]．

　鍵となるアイデアは，ハリケーン発生の 70% の可能性を，100 個の**同様に確からしい**（仮説の）可能性のうち 70 個が肯定（発生する）で 30 個が否定（発生しない）であると考えることである．どの確率もこのように分解できる．もう1つの例をとってみると，ある事象の確率が 1/3 ならば，3つの同様に確からしい事象で，そのうちの1つが肯定，残りの2つが否定と考えることができる．

　さて，ハリケーンの例を続けよう．今から2日後に熱帯低気圧がハリケーンに発達したとしよう．あなたは 100 個の仮想の事象のどれが実際発生したのかには興味はないが，ただ 70 個の "肯定" のうちの1つが起きたという事実には興味がある．私があなたに 100 個の事象のうちどれが正確に起きたのかというメッセージを送れば，log 100 ビットの情報を送ることになる．しかし，これは必要以上の情報である．ハリケーンが発生した事象で，私はあなたに log 70 の余分な情報量を送った．これは，70 個の "肯定" の事象のうちどれが発生したかを特定している無関係な情報を与えている．そのため "ハリケーンが発生した" というメッセージの情報量は log 100 − log 70 である．あなたが対数の驚異をもたらされてからしばらく経っているかもしれない．そこで勝手ながら，対数の引き算が割り算になることを思い出してもらおう．ハリケーンが発生したというメッセージの情報量は log (100/70) で，およそ 0.515 ビットである．したがって，事象が起きる可能性が 70% であれば，その発

生を知らせるニュースはおよそ 1 ビットの半分の情報しか運ばない.

今の議論を振り返れば, 一般に確率 p を持った事象を知らせるメッセージの情報量は $\log 1/p$ である. これを以前の議論に照らし合わせれば, 公正な硬貨の 1 回の投げ上げで表が出たというメッセージを送るとき, $\log (1/0.5) = \log 2 = 1$ ビットを送っていることになる.

極端な状況では少なくともこれが直感に沿っていることを確かめることもできる. ある事象がかなり起こり得るものであれば, その確率は 1 に近い. これは, そのことを伝えるメッセージがほんの少しの情報しか持たないことを意味する. たとえば, 太陽が明日昇る確率はとても 1 に近く, おおよそ 1 から 1 兆分の 1 を引いたくらいのものであろう (あまりに楽天的でないことを願っている)[4]. 太陽が実際に昇るという情報は 1 ビットの 1 兆分の 1.44 であることが分かる[5]. まったくヘッドラインニュースにはならない. 一方, 太陽が昇ら**ない**という事象を考えよう. 私たちの概算では, それは 1 兆分の 1 の確率で, この大惨事が起きた (確かにヘッドラインである) というメッセージの情報量は 1 兆の対数 ($\log$ をとったもの), つまりおよそ 40 ビットである. これはそんなに大きく見えないかもしれない. しかし公正な硬貨の投げ上げを 40 回続けて正しく予測することが, 太陽が明日昇ることを予測するのと比べてどのくらい難しいかを考えてみよ.

7.3 エントロピー

不確実なハリケーンの例に戻ろう. 特定のメッセージの情報量と違って, 予測における**平均情報量**を見つけるのは簡単である. ハリケーンが形成されるという予測の情報量は 0.515 ビットであると計算した. それは確率が 70% の事象である. 否定のメッセージは確率 30% を持っており, それは 1.74 ビット ($\log 1/0.3$) に相当する. そうすると私たちが議論している気象予測のようなものの平均情報量は, そのときの 70% が 0.515 ビット, 30% が 1.74 ビットであり, この加重平均は 0.881 ビット[d] になる. これを, 長期間でのハリケーンの発生確率 70% が与えられたときの, ハリ

---

[d] 訳注:$0.7 \times 0.515 + 0.3 \times 1.74 = 0.8825$ だが, 正確に計算すれば, $0.7 \times \log (1/0.7) + 0.3 \times \log (1/0.3) = 0.88129$ なので 0.881 ビットになることに注意.

ケーン予測における天気予報の**エントロピー**（*entropy*），あるいは**自己情報量**（*self information*）と呼ぶ[6]．

太陽が昇るかどうかを伝えるメッセージのエントロピーは，40 ビットと太陽が昇らない確率（1 兆分の 1）の積に，1 兆分の 1 ビットの 1.44 倍と太陽が昇る確率（1 引く 1 兆分の 1）の積を足したものである．したがって，そのエントロピーはおよそ 1 ビットの 1 兆分の 41.4 である．多くのお金を払いたくなる情報源ではない．

ここに，Cover and Thomas（1991）から簡単に計算できるもう 1 つの例がある．8 頭の馬が出走する競馬のレースで，それら 8 頭の馬が勝つ確率はそれぞれ 1/2, 1/4, 1/8, 1/16, 1/64, 1/64, 1/64, 1/64 としよう．そのエントロピーは $(1/2) \times \log 2 + (1/4) \times \log 4 + \cdots$ で，2 ビットになる．ある特定の 1/64 の大穴の馬が勝ったというニュースは，多くの情報量（6 ビット）を持つメッセージである．一方平均では，1 つのレースの勝者のニュースは 2 ビットを運び，これがその競馬のレースのエントロピーである．

先に進む前に，私たちが確率とランダムな事象について，大騒ぎすることなく入り込んでいたという事実に注意してほしい．ランダム性は，まさに不確実性を特徴づける方法であるので，情報を不確実性の除去と定義するならば，これは避けがたいことである．サイコロを投げる前にサイコロの 6 面のどの面が出るのかについては不確実であり，サイコロを投げた結果はランダムな事象であるという．アナログ信号を毀損する（不確実な）ノイズを記述するときも同じ話であった．実際，すべての種類の通信システムにおけるノイズの存在は，確率論を通信理論の基本的な道具にした．情報が本来基本的に統計的であるということを認識したのは，シャノンの最も重要な功績の 1 つであった．

夢見るような眼差しの科学についての覚書

科学的用語が科学を好きな読者の気を引くのは数年ごとのようだ．**エントロピー**は 1 つの立派な例である．**カオス**や**ブラックホール**の流行はより最近の例である．もちろんそれらにももっともな理由がある．ジュリア集合やフラクタルは興味をそそるし，ブラックホールは宇宙空間での刺激的な冒険譚を生み出す．

シャノンが情報量を測るのに**エントロピー**という言葉を選んだとき，その言葉自身，

そしてその数学的形式は，すでに19世紀半ばから科学界で使われてきていた．オーストリアの物理学者ルートヴィッヒ・ボルツマンは1870年代に，熱力学の第2法則の定式化にそれを用いていた[7]．ガモフの本[8]での大宰相シッサ・ベン・ダヒールの小麦の粒に対する控えめな要求を思い出すだろうが，その本を愛読していた子供の頃，そこには"宇宙の熱的死（heat-death）"まで増加していくエントロピーの話や，第2法則が"時間の矢"を定義する役割を担っていたなどの話がたっぷりあった．実際，ガモフの本には"エントロピーの「神秘」"という節があり，きっと当時のポピュラーサイエンスの流行を反映している．しかし，彼の議論は大変見事な語り口で，神秘を解き明かしている．

　幸い，熱力学でのエントロピーの意味，そしてシャノンの情報測度とエントロピーの関係を詮索する必要はない．エントロピーをメッセージの平均情報量，つまり$1/p$の対数の平均値と定義して楽しく進めることができる[9]．

7.4 ノイズの多いチャネル

　シャノンによる情報理論の開発は優美で，一直線になされ，基本的な概念をほんの数個使っている．今までランダムなメッセージを出す情報源の情報量を定義してきた．これらのメッセージは**チャネル**を通して伝達される．チャネルは一般にある種のノイズで毀損されるので，完全に信頼できるものではない．チャネルの**出力**はしたがって別の確率変数であり，もともとの入力と綿密に関係していることが期待される．ここでランダム性には2つの原因がある．1つはもともとのメッセージであり，これは**信号**と考える情報源である．もう1つはチャネル上の伝播において誤りを起こしうるノイズである．

　基本的な問いは，伝播エラーの最大許容率（おそらくかなり小さい）が与えられたとき，与えられたチャネルを通して単位時間にどれだけの情報を伝達することができるだろうか？というものである．その答えは重要な帰結を持っている．それは特定のインターネット接続でビデオ会議を実用的にできるかどうかや，土星の周りを回っている衛星からその惑星の写真をダウンロードするのにどれほどかかるのかが決定される．そのような質問の答えに近づくには大学の講座を1つか2つ必要とするが，こ

こではアナログとデジタルの方法を対比するだけに留めよう.

現実世界でのチャネルは,電波やケーブル上の電気パルスや光パルスを扱うように,本来アナログである.それはちょうど私たちが耳で聞く音声や目で見る画像が本質的にアナログであるようにである.しかし,信号は通常チャネルの送信側でデジタルからアナログに変換され,受信側でアナログからデジタルに変換され戻される.それは今からさらに詳しく述べようとしている理由によってである.

具体的な例を扱うためにあなたがスマートフォンから私にボイスメールを送ると仮定しよう.その途中で何が起きているのだろうか? 最初に,今まで議論してきたように,あなたの声は小さなマイクロフォンでのアナログの圧力波からデジタル形式に変換され,ビット列としてあなたの電話に蓄えられる.その時点で,それはさまざまな方法,おそらく異なる周波数帯を強調もしくは抑制するフィルタリングや,あまり歪みなしにもっと短くなるようにある方法で圧縮されるといった処理が行われる.そしてあなたの声を表現するビット列は塊として(パケットに)まとめられ,あなたの電話から基地局まで送られるアナログ電波信号に変調される.基地局ではアナログ電波信号が再びデジタルの形式に変換され,さまざまな方式,おそらく何らかのフィルター処理やクリーンアップ処理,他の電話からの信号とのインターリーブ処理,もしくは送信可能なスロット待ちの間の保管といった処理が行われる.再度,あなたの声の信号の現在の形式は,基地局を離れるアナログ電波に,または,おそらく地中の銅線やファイバーケーブルを通して基地局から出されるアナログの電気信号か光信号に,変調されるのである.そのようにして,あなたの声の信号は,最終的に私のスマートフォンに格納されるビット列になり,最終的な D-A 変換の後,私がボイスメールメッセージとして聞くのを待っている.

信号に対して少しでも複雑な処理が必要な場合にはいつも,アナログからデジタルに変換して処理する.そして無線やケーブルで伝送する,もしくは音を聞く(ビデオ信号のときには見る)ときには,デジタルからアナログに変換して戻す.このようなアナログ形式とデジタル形式の間の往復は,あなたの声と私の耳の間で何度も起きる可能性がある.これらのデジタル形式への変換のすべての基本的な理由は,デジタル処理が安価で,柔軟で,簡単にプログラム可能だからである.さらに最初から見てきたように,その離散的な性質と信号の標準化のために本質的に誤りがないからである.

しかし，この変換の連鎖におけるアナログの場面では比較的誤りが発生しやすく，ノイズの影響を理解することは情報理論の得意とするところである．

7.5 符号化

1ビットを電波かケーブル上のパルスで送るのは，それをコンピューター上で処理するのに比べてリスクが大きい．少なくとも半導体のチップの大きさよりはるかに長い距離を無線やケーブルで伝送するのに比べて，デジタル処理は離散状態が標準化されているために本質的に誤りがないということは繰り返し述べるに値する．一方，伝送における誤りは，とくにトンネルや地下のような信号が弱いかとてもノイズの多いところにいるときには，コンピューター処理の際の誤りほど珍しいものではない．たとえば，あなたの携帯電話がその無線送信機を使って0を伝送すると仮定しよう．基地局が間違って1を受信する確率は，あなたの携帯電話のデジタルな部分で0が何らかの形で1になる確率よりもはるかにはるかに大きい．もちろん後者も発生するが，それはある並外れてまれなノイズのパルスか電子回路の故障のみによるものである．このデジタル処理の優越性は，第2章で見たものと同じ根本原因にたどり着く．デジタルの状態はつねに2つの離散的な値の1つに復元されるが，それに反してアナログの状態はノイズによる毀損に絶え間なくさらされているのである．

現実の（不完全な）アナログチャネルを概念的に扱う標準的な方法は，0や1が

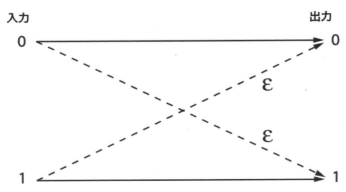

図 7.1 2元対称通信路．入力は左側の0か1で，出力は右側の0か1である．伝送の際の誤り（点線の矢）は確率 ε で起きる．

伝送されており，0 が誤って 1 に変えられる，また 1 が誤って 0 に変えられてしまう確率（伝統的に ε（ギリシャ語の"イプシロン"，小さな量を表す由緒ある記号）と呼ばれる）が存在すると仮定する．このモデルは **2 元対称通信路**（*binary symmetric channel*）と呼ばれ，図 7.1 に描かれている．**対称**という用語は，私たちが 0 から 1 という誤りの確率と，1 から 0 という誤りの確率が同じであると（単純化のためだけに）仮定しているという事実を指している．この高度に理想化されたモデルは，ノイズの多いチャネルの本質を驚くほどうまく捉えている．そのため情報理論の初期の研究ではつねに使われており，ここでの私たちの意図にも確かに沿っている．

　伝送の誤りはアナログチャネル上での避けられないノイズによって発生することを胸に留めておいてほしい．伝送信号中に冗長性を導入することによって，どうにかしてこれらの誤りを検出して訂正することが早くから実現されていた．伝送されるビット列に冗長性を組み入れるいかなる方法も一般に **符号化**（*code*）と呼ばれ，私たちの生活の中でのその重要性から期待されるように，符号理論は高度に洗練された科学に発展してきた[10]．情報理論が 2 つの主要な部分を持つといっても，単純化しすぎとは言えないだろう．それらは，何が可能かを知ることと，符号化によってそれに近づくことである．その雰囲気を味わうために，符号化の初歩的な例を 2 つあげよう．

単一誤り検出符号

　いくつかの符号化は誤りの **検出** のみができるように設計され，それらを訂正することはまったく考えられていない．このことを **パリティービット** という単純でよく知られた機構で達成できる．3 ビットのブロックを伝送しているとしよう．1 の総数がたとえば偶数になるように，各ブロックに 4 番目のビットを加えることができる．奇数個の 1 を持った 4 ビットのブロックを受信すれば，伝送の際に誤りが生じたことが分かる．この状況のもとでは，どのビットに誤りが発生したのかはまったく分からない．実際 3 個の誤りが発生したかどうかも分からない．私たちができる最良なことはこのブロックを捨て，もしできるなら再送信を頼むことである．

　この方式は，小さなブロックに対しては有効だが，ブロックの長さが長くなるにつれて，偶数個の誤りが起き，そのような事象が検出を逃れる可能性がだんだん高くな

る．したがって，チャネル誤り確率の大きさ ε はブロックをどれほど長くできるかに制限をもたらす．しかし，より短いブロックでは，パリティーチェックのためにより大きなビットの断片を送ることになり，全体の伝送レートは遅くなる．たとえば，今示した例では，もともとの信号の3ビットごとに計4ビットを送る必要がある．そのためトラフィックの75%が実際の信号に使われる．これに対して，9個の信号のビットのブロックにパリティーチェックとして10番目のビットを加えるとすれば，トラフィックの90%は信号のために使える．しかし，後者の場合には二重の誤りが検出を逃れやすくなる．すぐに見るように，真の伝送レートと誤り率の間のトレードオフは，1948年以前は基本的で避けられないものと思われていた．それがShannon（1948）が大きな驚きを与えた理由である．

単一誤り訂正符号

受信器が誤りを検知するのと同じように訂正することが可能な符号を作ることもできる．図7.2は幾何的な形で最も簡単な例を示している．ただ1ビットの0か1だけを送りたいとしよう．これらを図の中の2つの反対に位置する頂点と考えよう．それらはそれぞれ黒丸（●）で000と111と示されている．符号を使うとは，メッセージ0を送りたいときは実際000を送り，メッセージ1を送りたいときは111を送ることを意味する．以下の議論では，たった1つの誤りしか起きないと仮定している．2つの誤りが起きるとすれば，すべては台無しになる．

ここで，図7.2で点をラベルづけした方法によって（0を送るために）000を送るときに単一の誤りが起きると，受信メッセージを000とラベルづけされた点から100，010，001とラベルづけされた3つの点のうちどれか1つへと動かすことに注意しよう．同様に（1を送るために）111を送るとき，単一の誤りは受信メッセージを111とラベルづけされた点から011，101，110とラベルづけされた3つの点のうちどれか1つへと動かす．したがって，1を1つ持つブロックを受け取れば，000が送られたこと，メッセージ0が意図されていたことが分かる．1を2つ持つブロックを受け取れば，111が送られたこと，メッセージ1が意図されていたことが分かる．約束したように，この符号は単一の誤りを検出しまた訂正することを可能にする．しかし，メッセージ1ビットごとに3ビットを送らなければならない

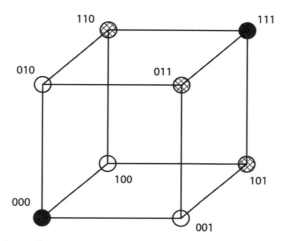

図 7.2 単一誤り訂正符号を立方体のラベルづけとして見よう．このラベルづけでは，隣接する頂点が 1 ビットだけ違っている．符号の最初のビットは正面か背面かを，2 番目のビットは上面か底面かを，3 番目のビットは左の面か右の面かを表している．中が白い円（○）は，000 が 1 つ誤って送られたときの可能な受信メッセージを示しており，一方斜線の入った円（◎）は，111 が 1 つ誤って送られたときの可能な受信メッセージを示している．1 つの誤りだけが発生しうると仮定すれば，中が白い円に対応するメッセージを受け取れば 000 が送られたことが分かる．同様に，斜線の入った円に対応するメッセージを受け取れば 111 が送られたことが分かる．こうして，単一の誤りは訂正できる．

という犠牲を払ってである．

7.6 通信路符号化定理

　それ故に，今まで示唆してきたように，通信技術者は第二次世界大戦直後の何年もの間，ノイズの多いチャネルを使って何ができるか分からなかった．Blahut（1987, p. 6）では，それをこのように言っている．"シャノンの ［1948 年の］論文以前は一般に，ノイズがチャネルを通した情報の流れを制限していると，以下の意味で信じられていた ……　受信メッセージの誤りの確率を下げるにつれて，伝送するメッセージに必要な冗長性は増える．したがってデータの真の伝送レートは下がる．"誤りの確率を減らすために符号化するにつれ，伝送レートはゼロへと小さくなると考えられていた．これはまったくの誤りである．そしてシャノンがどのように真実にたどり着

いたかというのは，本書で繰り返し遭遇する驚くべき知的な飛躍の1つである．

　実際の状態は**通信路符号化定理**（*noisy coding theorem*）と呼ばれるものに要約されている[11]．この定理は非公式には次のようになる．ノイズの多いチャネルはある**容量**e（*capacity*）C（ビット／秒）と紐づいている．（適切な符号化を使い）Cより小さい任意の与えられたレートにおいて，任意の小さな誤り率での伝送を可能にする．逆に，Cより小さい比率でのみ，誤りをこのように減らすことができる．

　通信路符号化定理は，情報理論が通信システムの設計者へ指針を与えるという欠くべからざる役割を説明する．それは，特定のチャネル上において，速くはないが容量まで誤りを減らした通信が期待できると言っている．熱力学の法則が発電所の設計者を助けるように，あるいは後で見るように計算量の理論がアルゴリズムの設計者を助けるように，このような理論的なベンチマークを持つことが通信システムの設計者を助ける．何が可能で何が可能でないかを知るのは非常に有用である．

　地球上に住むものならどの偉大な恩恵も代償なしには得られないことを知っている．そして消え入るほど小さな誤り率での通信に支払われる代償は符号化の中にある．通信符号化定理の証明には**ブロック**[12]に符号化することが求められる．見込まれた小さな誤り率に近づくにつれ，入力データをどんどん大きくまとめている．このことの欠点は伝送の際に遅延を起こすことであり，それは特定の状況によって重大な問題だったりそうでなかったりする．大量のデータにとっては，遅延は問題ないかもしれない．しかし，たとえば電話での会話では，どれほどの遅延に使用者が我慢できるかという明確な限界がある．符号化の計算量と有用度の間の避けられないトレードオフ，および通信技術者に雇用を提供し続けている現存する設計の問題もある．

　ここまで述べてきたように，情報理論は非常に一貫した形で生まれた．その中心的な結果である通信路符号化定理から，チャネルの容量と，その容量より小さいレートで通信する場合のみだが，任意に小さな誤り率を達成する符号化の潜在的な力という概念が取り出されるのである．

---

e 訳注：通信路容量（channel capacity）ともいう．

7.7 デジタルのもう 1 つの勝利

あなたが期待するように，通信路符号化定理のアナログ版もあり，チャネルの適切なアナログの容量はアナログの符号化で達成できる．もう一度，デジタル処理がアナログ処理をなぜ打ち破るのかはロバート・ギャラガーの次の意見によって予期される．"近年，デジタルロジックのコストが着実に減少してきている一方で，アナログハードウェアではそのような革命は起きていない … もちろん，アナログ通信システムが完全に廃れたと言っているわけではない．しかし，10 年前に存在しなかった主にデジタルシステムに多くの利点があるということである．"[13] これが書かれたのは 1968 年である．ムーアの法則により半世紀でこの考察通りになった．後知恵とはいえほとんど皮肉に聞こえる．今日では，伝送における送信側もしくは受信側でのどの符号化もまた他の信号処理も，本質的には無料のプレフィルタリングやポストフィルタリングのよほど粗雑なものを除いてデジタルである．ところで，今ではよく使われる**帯域幅**という用語に情報理論のこだまを認識するかもしれない．この用語は，ある速さで通信する能力が何らかの形で基本的で，本来お金のかかるものであるという考えをきちんと具現化している．この用語の使用は，ノイズに関する適切な仮定のもとに，通信路容量が使われる周波数帯の幅に直接比例するという事実で正当化されているのである．

第 III 部

計算

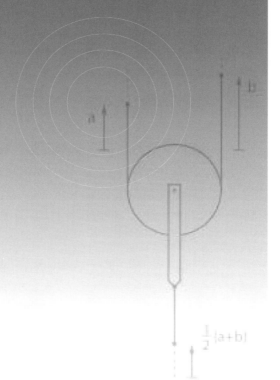

第8章

アナログコンピューター

8.1 古代ギリシャから

　情報を連続的ではなく離散的な形で扱うという極めて根本的な考え方が，なぜまったく突如として情報処理を私たちの支配的な技術にしたのかについて，今まで見てきた．2つの状態に制限することによって，アナログ世界（現実世界とも言う）に蔓延するノイズの影響を実質的に受けない信号を作ることができる．また電子回路の大きさを劇的に小さくすることも可能にしている．そしてちょうど今見てきたように，それ自身完全とはほど遠いチャネル上で，音と画像の本質的に完全な交換と格納を可能にしている．これによって舞台が整った……しかし革命の魂は**計算**であり，今こそコンピューターを議論するときが来たのである！

　コンピューターがわずか数オンス[a]の重さになり，装備の良い人たちの必須アイテムになる以前には，それらは問題解決のツールとしてしか見られていなかった．もちろん，最初期のものはアナログ機械だった．それらの動作原理はとても多様で，多くのものが極めて巧妙で，非常に特殊な差し迫った課題を解くために設計されていた．それらは，機械，電気，油圧，光学など，研究対象が何であれ，同じ動作ルールに従った物理システムを使うことで機能する．したがって**アナログ**という用語なのである．解きたい興味深い課題やもてあそびたい面白いことが数多くあるので，アナログコンピューターの物語は，科学と数学のすべてのものの歴史が絡み合っている．次に，この物語の中のいくつかの山を例示しよう．

　アナログコンピューターを考案する際の可能性は広範囲にわたるので，ここでは1つの重要な制限を課すことにしよう．**古典**物理学のみに基づいて動作するデバイスだ

---

[a] 訳注：1 oz（オンス）は約 28.35 グラム．

けに目を向けよう．古典物理学とはすなわち量子力学以前の物理学で，これは20世紀以前の物理学を意味する．第11章で量子コンピューターという重要な主題に戻ってこよう．

アナログコンピューターのとても単純な例として，紀元前5世紀，天文学者であるアテナイのメトンまで遡ろう．彼は19太陽年が235朔望月にとても近いことを観察していた．実際，誤差は数時間ほどである．このことは太陽暦と太陰暦を関係づけたいものにとってとても便利な事実であり，**メトン周期**と呼ばれるこの19年のサイクルは多くの文化で利用されてきた．ここで，1つは19，もう1つは235の歯数を持つ2つの歯車を噛み合わせるとしよう．これらの歯車が噛み合って片方を回転させると，歯数19の歯車は，歯数235の歯車が19回転するごとに235回転する[1]．したがって，歯数19の歯車の回転を月（地球の周りの月），歯数235の歯車の回転を年（太陽の周りの地球）と考えることができる．これによって太陽と月の動きを反映し，このようにして軌道上のそれらの位置とそれに伴う位相を表示するアナログコンピューターを組み立てた．

この月–太陽機械を市場に出すために，それをスタイリッシュな木箱に入れ，歯車を表示用の綺麗なダイヤルにつなぎたくなるかもしれない … そう，これが私たちの短い旅の最初の立ち寄り先である．

アンティキティラ島の機械

最初のコンピューターの名にふさわしいのは，紀元前70年ごろにギリシャのアンティキティラ島の近くで難破したローマの船の中にあった1つの例からのみ知られているものである．その島はクレタ島とペロポネソス半島の間のエーゲ海に位置する[b]．その難破船は1900年に海綿を採るスポンジダイバーのグループによって発見された．現在では**アンティキティラ島の機械**（*Antikythera mechanism*）として知られているものの断片は，その後の発掘調査が完了してから8ヶ月近く経つまで気づかれなかった[2]．残念ながら，2000年にわたって地中海の塩水に浸かっていたため，この複雑な機構は腐食して殻で覆われた断片のもろもろと化していた．そして，学者た

---

[b] 訳注：正確にはエーゲ海と地中海の境目あたりに位置している．

ちはそれ以来この機械の復元という骨の折れる作業を行ってきた．この機構の理解の
進展についての近年の評価は Freeth et al.（2006）によって与えられ，「少なくと
もその後1,000年にわたって知られているどの機器よりも技術的に複雑である」と
述べられている．

　アンティキティラ島の機械には現在の最良の復元でも分からない点があるが，それ
について分かっていることは驚異的なことである[c]．この機械は歯数が違う少なくと
も30枚のお互い噛み合った歯車の時計仕掛けからなり，おそらく手回しで，前面の
1つと背面の2つのダイヤルにつなげられている．クランクを回転すると，表示器の
ダイヤルは太陽，月，そして，多分そのときに知られていた5つの惑星の黄道帯の
動きだけでなく月食や日食の発生も示す．予想されるように，上述の例に示したメト
ン周期はこの機械の操作において中心的な役割を果たしている．

　アンティキティラ島の機械はおもちゃとはとても言えない．むしろその計算結果は，
この不運な船が向かっていたローマの人々を含むすべての古代人にとって極めて重要
だった．何といっても，農夫は作付けや収穫の計画を立て，神官は宗教的祭典の日取
りを決める必要があった．それ以外にも，有能な古代人は誰でも予期せぬ日食や月食
に遭遇したくはなかっただろう．図8.1はモジ・ヴィチェンティーニによる実際に
動作する美しい復元を示している[d]．（透明なプラスチックではなく）中の動作を隠
すためにもともとは木箱に収められていたその機械は，紀元前2世紀には実に素晴
らしく見えただろう[3]．

　歯車を互いに噛み合わせているアンティキティラ島の機械に組み込まれているの
は，中でも最も注目すべき特徴であり，技術的なブレークスルーである**差動装置**

[c] 訳注：アンティキティラ島の機械の最新の理解については https://www.nature.com/articles/s41598-021-
84310-w.pdf（2022年7月18日にアクセス）を参照のこと．また動画による詳しい30分ほどのドキュメンタリー
が https://vimeo.com/518734183（2022年7月18日にアクセス）にある．『アンティキテラ—古代ギリシアのコ
ンピュータ』（ジョー・マーチャント 著，木村博江 訳，文春文庫，2011）も良い紹介である．さらに Scientific
American の 2022年1月号にも最新の紹介記事がある．Tony Freeth, Wonder of the Ancient World,
Scientific American 326(1), pp. 24–33. https://www.scientificamerican.com/article/an-ancient-greek-
astronomical-calculation-machine-reveals-new-secrets/（2022年7月18日にアクセス）．ネイチャー・リサー
チ社が刊行しているオンライン学術雑誌サイエンティフィック・リポーツに最新の報告がなされている．http://www.
nature.com/articles/s41598-021-84310-w（2023年3月10日にアクセス）
[d] 訳注：詳しくは，以下の YouTube の動画が参考になる．
The Antikythera Mechanism - 2D https://www.youtube.com/watch?v=UpLcnAIpVRA
Virtual Model of the Antikythera Mechanism by Michael Wright and Mogi Vicentini
https://www.youtube.com/watch?v=bAqqA3fMwI8

図 8.1　いくつか動作しているアンティキティラ島の機械を復元したものの 1 つ．これはモジ・ヴィチェンティーニによって作られたものである (写真は Wikipedia Commons による).

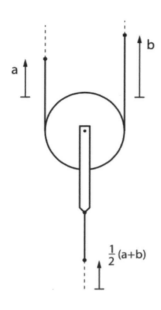

図 8.2 アンティキティラ島の機械の主要な発明である差動装置の最も単純な形. それは本質的には 2 つの数量 (この場合は滑車の周りの 2 本のロープ上の参照点 a と b の位置である) を足したり引いたりするアナログコンピューターである (Bromley (1990) による).

(*differential*) である. 図 8.2 は滑車を使った最も基本的な形を示している. 滑車は, a と b の**平均**である $(a + b)/2$ に位置している. ここで a と b は滑車を支える 2 本の "入力" ロープ上の参照点までの距離である. 例: 点 a が上に上がり点 b が同じ距離だけ下に下がれば滑車は同じ位置に残っている. b の変化は a の変化の正反対なので 2 つの変化は相殺する. 点 a と b が同じ方向に同じ距離動けば, 滑車もまた同じ距離動く. a が固定されて b がある距離動けば, 滑車とそれにつながっているロープはその距離の半分動く[4].

　実際問題として, 通常この差動装置の滑車は円形の歯車に, そしてロープは左右の歯車に置き換えられるので, 加減されるのは**軸角** (*shaft angles*) である[e]. これはまさにアンティキティラ島の機械がどのように差動装置を使ったかであり, 自動車がカーブを曲がるときに違う速度の車輪の回転を調整するのにエンジンから左右の車輪に動力を伝える方法でもある. 差動装置はそのアンティキティラ島の天文計算機に取り込まれた後, 2,000 年の間何度も独立に再発明された. 私たちの見方で言えばそれはアナログ加算器であり, 以下で 19 世紀後半と 20 世紀初頭のアナログコンピュー

---

[e] 訳注: 自動車のデフ (差動装置) の動きが参考になる. たとえば, https://www.youtube.com/watch?v=xiS5u QXXpIg

ターに再び見ることになる.

　ホームシックにかかったリチャード・ファインマンが考古学博物館に行った後,
1980 年か 1981 年に,アテネから家族宛に次のように書いている."あまりにたく
さんのものを見て足が痛み始めた.完全に混乱している－展示物がきちんとラベルづ
けされていないので.また以前にこのようなものをたくさん見てきたので少し退屈し
た.ただ 1 つのものを除いては.すべての美術品の中でほとんど不可能と思えるほ
ど完全に独特で奇妙なものが 1 つあった."[5] もちろん,彼は博物館の展示物 15087
を言及している.それは現存するアンティキティラ島の機械である[f].

8.2 より巧妙な機器

計算尺

　計算尺について触れた方がいいだろうか？ 今ではコレクターズアイテムである計算
尺は 20 世紀半ばにはエンジニアたちの「どこでも計算器具」であり,専門職のシンボル
であり,歴史上はるかに広く使われたアナログコンピューターであった[4].今日の学生が
装飾用のステッカーを貼ったラップトップを持ち回っているように,著者は学部の学生
のとき派手なオレンジ色の皮のベルトに入った Keuffel & Esser 製の木製の計算尺を持ち
回っていた.私が話しているものを知らない多くのより若い人たちのために説明しよう.
計算尺は通常木製かプラスチック製か鉄製の 3 つの細長い尺でできており,対数の目盛
りがつけられており,1 本は他の 2 本の間に挟まれていてスライドする.そしてある尺
上の数字は他の 2 本のうち内側の尺をスライドさせることによって,他の数字を掛けた
り割ったりできるのである.なぜなら対数に対応した長さを足したり引いたりするのは,
それらの対数自身を足したり引いたりすることに相当するからである[g].実際,この器具
は 1614 年にネイピアによって対数が発見されたほんの数年後に発明された.計算尺はア
ンティキティラ島の機械よりもはるかに柔軟なコンピューター機器であり,本格的なエ
ンジニア用計算尺は,積や商だけでなく三角関数その他を計算する多くの目盛りがある.

---

[f] 訳注:アテネの国立考古学学博物館に展示されている. https://joyofmuseums.com/museums/europe/
greece-museums/athens-museums/national-archaeological-museum-athens/antikythera-mechanism/
[g] 訳注:https://www.youtube.com/watch?v=n08JWqqqW2c などが参考になる.

ファイナンスファログラフ

ファイナンスファログラフ（Financephalograph）はビル・フィリップスによって1949年に発明された。これは水を使って経済におけるお金の流れを表したものである[7h]。この機械はMONIAC（Monetary National Income Analogue Computer；貨幣的国民所得自動計算機）としても知られている。水が機械の一番上，7フィート（約2.1m）近くの高さにポンプで汲み上げられ，中央の柱を通って下がってくる。ここで"税金，貯金，輸入は別々のループに吸い上げられる。各要素には，政府支出，個人投資，および輸出として主要な流れに再び加わる部分もある。一番下での正味の流れは … 与えられたレベルでの経済活動に必要な最小の運用残高を表し，これは適切にシステムに戻される。[8]"

明らかに，およそ14台のファイナンスファログラフが作られ，主に教育に使われた。これらは今では当たり前と思われているディスプレイスクリーンより前の時代のもので，この機械は透明なプラスチックで作られていた。そうすることで政府の税収や財政支出，消費者の消費や貯蓄，そして海外貿易の効果を直接見ることができた。水力学による流れの計算は，実際には法外なものではなかった。それを興味深いものにしたのは，その機械が作動する様子が目に見えることだった。

方程式求解機

科学計算の多くの分野で何度も何度も出てくる1つの問題が連立1次程式を解くものである。これは代数の宿題のネタとなっている。たとえば"ジュディスはミリアムより30歳若いとしよう。ミリアムがジュディスの2倍の年齢になるとき，彼女らは何歳だろうか？"といったものである。JとMをジュディスとミリアムの年齢とすると，このとき次の2つの条件，$J = M - 30$と$M = 2J$が成り立つ。この2つの方程式は両方とも未知数JとMの定数倍のみを使用しており，2乗も，3乗も，それより高い累乗もない。よって1次である。2番目の式を使って1番目の式のMを代入して，$J = 30$，$M = 60$を得ることができる。これで宿題は終わった。ところで，このような方程式は通常整理されて，定数項が右辺にあるようにする。つまり，

---

[h] 訳注：YouTubeの動画でMONIACの挙動がよく分かる。
https://www.youtube.com/watch?v=rAZavOcEnLg

$M - J = 30$ と $M - 2J = 0$ であり，今後 “右辺” と言ったときはこのことを仮定する．これは実際，慣例的な用語法である．

　たとえばトラス橋[i]の設計において，まったく同じ類いの問題が生ずる．たとえば，橋にかかる荷重を支え崩壊しないように鉄の梁にかかる力を計算する必要があるときにである．しかし未知数や方程式の数は 2 個ではないかもしれず，簡単に 100 個になるかもしれない．さらに，いろいろな種類の橋の構造を試すのにこれらの連立方程式を異なる数で何度も解く必要がある．機械式計算機（デジタルコンピューターを指しているわけではない）なしでは，計算の労力は多大なものになる．

　サー・ウィリアム・トムソン（後のケルビン卿）は，ヨーロッパと北米の間を船より速くつないだ初めての通信チャネルである最初の大西洋横断ケーブルの敷設への貢献も含む多くのことで今日知られている．優秀な物理学者であり実務的なエンジニアでもあったケルビン卿は，ちょうど上述したような連立 1 次方程式を解く機械装置を設計するのは，価値がないかもしれないと自問した．1878 年，彼はまさにそのことを行い，英国王立協会にそのような機械を提案する 2 ページ半のメモを送った．ケルビン卿はそれを単なる好奇心から提案したのではない．「8 個，10 個あるいはそれ以上の未知数を，同じ数の線形方程式から計算するために，実用で有用な機械を実際に構築するのは，困難でも過度に凝ったものでもない」[9]と記している．

　どうやら，60 年後に当時 MIT で土木工学科の助教授だったジョン・ウィルバーがケルビン卿の言葉を真に受けるまで，この線に沿っては何も起きなかった．ウィルバーは明らかにとても真面目な人だった．彼は機械を鉄で，“13,000 個の部品を用い，0.5 トンの重さで，およそ小さな車のサイズ”（図 8.3 を見よ）で作成した[10]．その機械は 9 本の方程式を扱うことができ，ウィルバーによれば，1 時間から 3 時間で 9 個の未知数を有効数字 3 桁で解くことができた．彼はこれを “キーボード計算機 (keyboard calculator)[j]” での計算と比較している．彼は，キーボード計算機では “8 時間近くかかる” と見積もっている．今日ではこれらの時間は途方もなく聞こえるが，

---

[i] 訳注：複数の三角形の組み合わせで骨組みを作り，それらの結合部をボルトやピンで止めたもの．このトラス構造を組み合わせて作る橋をトラス橋という．https://www.kajima.co.jp/gallery/const_museum/hashi/gijutsu/article/hashi_g_09.html や http://kentiku-kouzou.jp/struc-torasu.html などを参照のこと．
[j] 訳注：1930 年代のキーボード式計算機は，こちらに詳しい．https://www.pcmag.com/encyclopedia/term/comptometer

他に選択肢がなかったし，（特定のケースごとに）5，6 時間速くなることは，とくに
あなたの計算機が人間で，彼らに時間給で支払っているとしたらとても重要である [11]．
もちろん，あなたのラップトップではこの仕事は，スクリーンがわずかにちらつき答
えはほとんど一瞬で出るだろう．

　ケルビンの機械，およびそれがどのように動作するかについてのとても明瞭な説明

図 8.3　1936 年ごろの彼の機械のそばにいるジョン・ウィルバー．写真は彼の論文 Wilbur
（1936）にあり，MIT 博物館の厚意によりここに再掲している（2011）．

はトーマス・プットマンによってなされている．彼は教育用の組み立てキットのブランドであるフィッシャーテクニック（Fishertechnik）を使って，非常に詳細にその構築法を説明している[12]．図8.4は2つの方程式と2つの未知数の例に対しての機械を示している．原理はケルビンの提案に従い，それぞれの式に対して1本の紐の輪があり，各紐は各未知数に対する1つの滑車の上を通っている．方程式の係数は，傾いた板についた滑車の位置を調整することによって設定される．

　このレポートは歴史的意義としての面白さだけしかないとの印象をもたらすかもしれないが，ここに私たちにとって重要な技術的論点がある．まず，なぜ9変数の問題の解を見つけるのにこの機械は1時間以上かかるのだろうか？　その時間で一体何が起きているのだろうか？　ダウンロードするファイルは何もない．循環する計算ループもない．ケルビンは前述したように著しく実用的な人で，その機械が何らかの形で任意の初期状態から未知数の値が読み取れる最終的な平衡状態にたどり着かなければならないという事実によく気がついていた．彼はこう言っている．"運動学的な機械の設計には，実用で成功させるために，本質的に動力学的な考察を必要とする．[13]"

図8.4　組み立てキットのフィッシャーテクニックを用いた，プットマンによる連立1次方程式を解くためのケルビンの機械の構築．方程式の係数は下の方にあるシーソーについた4つの滑車を滑らせて設定される（これらのシーソーは図8.3の傾いた板として見られる）．一番上の2つの幅広の目盛りは解の成分を示し，上部の左右にある2つの円形のダイヤルは方程式の右辺を設定する（トーマス・プットマンの厚意による）．

別の言葉で言えば，設定が十分に正確で滑車の摩擦が十分小さいとき，機械にはある運動量が与えられなければならず，また有用な解に落ち着くまでいくらかの時間を要するのである．正確にはこれがどのように行われるかは構造の細部による．しかし何とかして，機械は立ち往生せずに平衡状態に導かれなければならない [14]．ウィルバーは，最も簡単に動く板を見つけて，その板を回転させることによって機械の残りの部分を駆動する試行錯誤の手続きを記述している．

方程式の係数を機械に設定するのにかかる時間を忘れてはいけない．係数の数は大体未知数の数の2乗である．9個の未知数を持つ連立方程式を解くのにおよそ100個の係数を設定する必要があり，各設定はマイクロメーターのネジでなされている．ウィルバーの記述からは，係数の設定と機械の実際の動作時間がどのように構成されているのかを知るのは難しい．

この3桁の有効数字はどうだろうか？　より高い精度を必要とすればどうだろうか？　ケルビン卿もまたこの問いを1878年に考えていた．そして例によって，彼の思考過程は1世紀跳んでいたのである．彼は，いったん機械から粗い，たとえば1〜3桁の解を得れば，その粗い解を元の方程式に代入し，その結果得られた右辺ともともとの右辺の差を見出すという，比較的速く単純な計算を行うことができると指摘した．これはまったく同じ形の別の問題，つまりまったく同じ係数（しかし新しい右辺）を持ったものを導く．そして，より高精度の新しい解を得るために古い解を調整する方法を教えてくれる．この手順を繰り返すことで必要な任意の精度の解を得ることができる．ここで重要なのは，右辺の誤差（**残差**と呼ばれる）の計算は連立方程式の**解**を必要とせず，現在の解のもともとの式への**代入**だけが必要ということである．ケルビンの洞察は，デジタルとアナログ技術の両方の利点を活用する目的で，これら2つを結合した**ハイブリッド**コンピューターの使用を予見している．ムーアの法則が完全な影響を及ぼす前に，そのアイデアはある程度流行したが，20世紀の終わり，つまりデジタルコンピューターが唯一の選択肢になったときまでに，おそらく早々に死に絶えた．後ほど，実際デジタル計算とアナログ計算の両方を使っている脳について議論するときに，ハイブリッドな機械を再び議論しよう．

アナログコンピューターの速さと精度についてのいくつかの技術的な点を説明する限りでは，ウィルバーの機械について知る必要があるのは以上である．しかし，*MIT*

Civil and Environmental Engineering Newsletter（『MIT 土木工学ニュースレター』；2001）はこの機械の不可思議な余生を暗示するいくつかのこぼれ話を提供している．まず，そのニュースレター曰く"ウィルバーの連立方程式求解計算機は跡形もなく消え … 長年にわたって 1-390 室の外で廊下を塞いでいたのに．MIT 博物館，ボストン科学博物館，ボストンコンピューター博物館の誰も，何が起きたかの手がかりを持っていなかった（この機械が"小さな車の大きさ"で，13,000 個の部品を持っていたことを思い出そう）．"

次に，そのニュースレターの編集者（デビー・リーヴィー）が次のように報告している．彼女は"（東京の）国立科学博物館についての雑誌の記事にその機械のほとんど完全な複製の写真を見て驚愕した．"サイエンスライターの小泉成史（Koizumi Seishi）は，"第二次世界大戦前に日本人がその機械を複製したと明かした．"そしてそれは航空の研究に使われた．その日本の複製は東京の国立科学博物館で 2002 年に展示される予定であった[k]．そこで足取りはつかめなくなっており，歴史的な寄り道を終えよう．今はアナログ計算の調査に戻るときである[15]．

8.3 より深い問い

ケルビン型の機器の挙動に関する 2 つの自然な問いをごまかしてきた－それらは機械でも，他のものを使ってでも，**どんな**問題を解こうとする際にも遭遇する問いである．1 つ目は，解がまったく存在しないとしたらどうなるだろうかというものである．2 つ目は，複数の解が存在するとしたらどうなるだろうかというものである．今から見ていくように，これら 2 つの問いは枝葉末節ではない．それらは一般に計算の能力と限界を理解しようとする際に中心的な役割を果たす．

連立 1 次方程式の場合，これらの状況がどのように生ずるかは簡単に見て取れる．たとえば 2 つの式が矛盾している場合である．ジュディスとミリアムの問題では，$M-J=30$ と $M-J=31$ と指定することを妨げるものはない．明らかに，問題の残

---

[k] 訳注：現在，国立科学博物館の理工電子資料館に九元連立方程式求解機として展示されている．https://www.kahaku.go.jp/exhibitions/vm/past_parmanent/rikou/computer/kyugen.html
また和田英一先生が『情報処理』Vol.50 No.9 Sep. 2009 にこの機械の仕組みを詳しく説明している．http://museum.ipsj.or.jp/guide/pdf/magazine/IPSJ-MGN500914.pdf

りがどんな条件を出そうとも，そのときは解がない．

　もう 1 つの可能性は 2 つの式が冗長でありうる場合である．たとえば，$M - J = 30$ と $2M - 2J = 60$ のように式を立てるかもしれない．2 番目の式は 1 番目の式の各項を 2 倍にしている．それは何も新しいことを言っていない．数学の理論によれば，この場合は多くの解を持つ．実際，無限に解を持つ．

　予想されるように，そのような矛盾したり冗長だったりする連立方程式を解こうとすると，何か悪い兆候が示されるだろう．その兆候は私たちがどの特定の機械を使用するかによるだろう．最も簡単に議論できるのは，図 8.4 に示された Püttmann（プットマン）(2014) の組み立てキットによる機械である．問題をその機械に，1 つの式ごとに 1 本の紐を使い設定する様子からすると，それらの紐は最初緩んでいて，異なる未知数を決定するパネル上に押しつけることによって順次ピンと張られる．最初の緩んだ状態は，私たちの解きたい方程式が完全ではなく，左辺と右辺の間に緩み（スラック）があることを意味している．元の連立方程式に解があるときは，機械の状態をすべての式が同時に満足される点に動かしている．

　元の連立方程式が両立しない場合，式（技術的には**制約**）が緩んでいて，ピンと張られない点に達する．求解の進行はここで単に行き詰まるのである．多くの解がある場合，挙動はもっと簡単である．通常の手続きで 1 つの解を見つけることができるが，たどり着く点は一般に開始点によるだろう．さらに，解にたどり着いたとき，依然として変数をスライドさせ，正当な解を連続的に得られるという意味で，その解は"緩んでいる"のである．

　ケルビンの方程式求解機に対する考察から，重要な教訓を得ることができる．問題に固有の数学的な難しさは，それを解こうとするときに，何らかの形で姿を現す．問題に対してアナログ機械を構築すれば，その表出は物理的なものが期待される．機械は行き詰まるかもしれないし，滑りやすい解にたどり着くかもしれない．デジタルコンピューターを使うならば，ゼロ除算の未遂のように，対応する数値的な兆候が期待される．これはまさに連立方程式に問題があるときに起こることである．母なる自然は本質的な難しさを避けさせてはくれないのである．つまり，物理的にも論理的にも，同じ現実に向き合うのである．

8.4 石鹸膜で計算する

私たちは今，どのように解けばよいかをよく知っている問題群から，飛び抜けて賢い科学者たちの最善の試みさえものともしなかった問題群へと，重要な敷居を越えようとしている．

本章の初めに述べたように，最初期のアナログコンピューターやデジタルコンピューターは問題解決の道具として見られていた．ムーアの法則とその結果としてのパーソナルコンピューターは，巨大な市場の力を借りて，本質的にデータ処理機，あるいはもっと優しく言えばデジタル信号処理機としてのデジタル機械に焦点を移した．今日，コンピューターサイエンティストは，コンピューターをより速く，より信頼性が高く，より安全で，より小さく，より安くすることに取り組んでいる．私たちは今，優れたスマートフォン，ラップトップ，カメラ，そして現代の生活を豊かにする他のガジェットの作り方を多かれ少なかれ知っている．

科学者たちは，自分たちの計算問題を解くために最初の大きく扱いにくい機械を作ったが，おそらく若干の皮肉を込めて言えば，この技術的進歩にただ乗りしてきた．彼らの問題のためにデスクトップの計算能力を使い倒し，さらにその研究を秒単位で地球の裏側の同僚と共有している．しかし，なぜ世界はデジタルになったのかと問いかける観点から見ると，私たちは一巡して，コンピューターを問題解決の道具として見る考え方に戻ってきたのである．理由は簡単で説得力がある．何が可能で何が不可能なのか，デジタルマシーンにこだわるあまり，類のない資質を見逃しているのではないかということを知りたい．要するに，信号処理ではなく問題解決が最有力で知性的な課題である将来に向けて計画しなければならない．

ここに，**シュタイナー問題**と呼ばれる，とても美しい小さな問題がある．平らな地球上に N 個の町が与えられたとして，これらの町を道路のネットワークで結びたいとしよう．全体の道路長を最も短くするにはどうすればいいだろうか？　この問題は，少なくとも簡単な 3 つの町の場合は 17 世紀のフェルマーまで遡ることができる．しかし，19 世紀の数学家，ヤコブ・シュタイナーにちなんだ"シュタイナー問題"という名前が定着している [16]．

　簡単な例として，$N = 3$ で，3 つの町を各辺がたとえば 10 km の正三角形の頂点であるとすると，答えは三角形の中心を結節点として選び，その結節点から各町を直線の道路で結ぶものである．最も明らかな別の答えは，1 つの町を他の 2 つの町と（結節点を通らずに）直線で結ぶというものである．しかし，この解では全体の長さが20 km になり，一方先ほどの"星"の解は全体の長さが 17.32 km である．これは具体的には約 13% の節約である．ここでは理想的な世界を仮定し，星型の解に置く3 方向の交差点での信号にかかる追加の費用は考えていない．

　この問題の本当の難しさは，町の数が 3 つや 4 つではなくはるかに増えたときに明らかになるが，結節点の選択で生じる可能性が困惑させるほど多くなることにある．ところで，この交差点のことを**シュタイナー点**と呼ぶ．数学者の助けを少し借りよう．彼らはシュタイナー点が $(N-2)$ 個より多くは決して必要ないこと，またどのシュタイナー点でもちょうど 3 本の道路が交わり，それらはいつも 120 度の角度をなすことを証明した．しかし，それ以上は腹立たしいほどに大きな数での選択に直面する．シュタイナー点はいくつか？　それらはどこに置くのか？　そして町はどの町とつなげるのか？　図 8.5 は，町が正 6 角形の頂点に位置するという例における解のいくつかの候補である．この小さな例でさえ，そのさまざまな解によって点の選択がどのくらい複雑なものになるか分かり始める．規則的に配置されていない，たとえば100 個の町に対するおびただしい数の選択肢を想像してみよう．

　クーラントとロビンズによる古典的な書籍が，ワイヤーフレームを石鹸液の中に浸し，それを取り出し，解を示す石鹸膜が残るというやり方でシュタイナー問題が解けるというアイデアを普及させた [17]．ベルギーの物理学者，ジョゼフ・プラトーは1870 年代に石鹸膜について広範囲にわたる実験を行っていた．その表面積最小化問題の数学の研究は，100 年前のオイラーとラグランジュにまで遡る．この方法の背後の物理的直感は，石鹸膜ができる限り表面を最小にするように振る舞う傾向があるというものである．なぜなら，そのことは表面張力によるポテンシャルエネルギーを最小にするからである．たとえば，円形のワイヤーフレームを浸し，引き上げることによって，私たちが期待するもの，つまり単にワイヤーフレームで囲まれた平らな円盤のような膜が生み出される．それが平坦でなければ，より広い面積を持つことになる．

　図 8.6 は，シュタイナー問題が 2 枚の平行な板の間のワイヤーによってどのよう

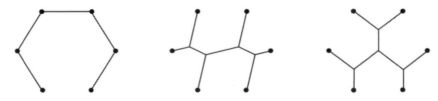

図 8.5 町が正 6 角形の頂点にある，6 個の町を持つシュタイナー問題に対する 3 つの解の候補（Isenberg（1976）による）.

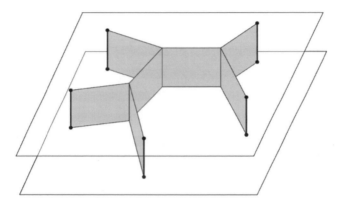

図 8.6 構造物を石鹸液の中に浸し，引き上げ，結果としてできた石鹸膜を観察して，シュタイナー問題の 5 つの町の例を解く（Courant and Robbins（クーラントとロビンズ）（1996），p.392 より）.

に設定されるかを示している．ワイヤーは 2 枚のプレートに垂直で，町の位置に対応したシート上の位置の間を通る．すると，最小面積の表面はプレート間にできる平らな薄いシートからなり，どちらかのプレート上のそれらの痕跡が，道路が最小の全長を持つ解を示すはずである．石鹸を用いた小さなアナログコンピューターを通して，物理学は，シュタイナー点の数とそれらの位置がとり得る手に負えないほど多くの選択肢を考えなければならない問題を回避したように見える．それとも，そうなのだろうか？

8.5 局所的と大域的

　石鹸膜コンピューターが勝利したと思うとしても，任意の十分に複雑な問題で石鹸

液に浸す実験を何度も行うことで，急速に幻滅感を味わうだろう．シュタイナー点の配置やそれらの個数さえも異なる，異なる解が現れるのを発見するだろう．石鹸膜によって現れる無数の候補の解のうち，どれが最良であるかを決める問題がいまだに残されている．その推論はどこで間違ったのだろうか？

　この明白な逆説に対する解決法は，この問題と多くの他の問題の底流にある構造についてとても重要なものを明らかにしてくれる．石鹸膜による解は，実際**最小**の表面積を持っているわけではなく，**局所的**に最小な表面積を持っているだけである．すなわち，各解をほんの少し摂動させても改良できないのである．つまり，各解はすぐ近くの解の候補の**近傍**の中で最良である．しかし膜はまったく異なる性格の解へと大きく変化することはできない－それは大域的な全体像を見ていないのである．

　最小の表面積を持った石鹸膜を探すのはむしろ抽象的な問題で，可視化するのが難しい．それを見る具体的な方法は，代わりに山や谷からなる岩場の風景を探検して，最も低い場所を探すことを想像することである．この心象の中で，高度は最小にしたい表面積に相当し，地理的な位置は石鹸膜の形状に相当する．探検のある時点で，谷底に達して，究極の低地にたどり着いたと強い確信を持つかもしれない．どこを見渡しても周りはその場所より高い．しかし，もちろんあなたの視界に入らないもっと低い他の谷があるかもしれない．今いる谷を抜け出すより他に，その谷を見つけ出す方法はない．それは危険すぎる，もしくは時間を浪費しすぎる小旅行となるかもしれない．

　コンピューターサイエンティストが問題解決の技法を研究するときにはいつも，この状況に行き当たる．一般に，ある特定の谷が実際最も低地にあるかを保証するには，問題自身についてより多くの情報が必要となる．この現象に対する用語であるが，**大域的**最小とは対照的に，近視眼的に最良なものは**局所的**最小という．

　同じように，最小表面張力の物理的原理によっては，その近傍にある解を改良することしかできない．これは現在の解の繰返しの変動によって到達可能な改良である．石鹸膜のアナログコンピューターは局所的最小しか見つけられないという事実が湿った実験によって確認された[18]．

　連立方程式を解くときのように，数学的な難しさは，アナログコンピューターを使おうとするときに物理的に現れる－しかしもっと劇的に，そしておそらく不穏な形で

現れる．特定の問題に結びついたある種の本質的な難しさがあるという直観的な考えは，一般的な問題の難しさの研究という，もうすぐ扱う中心的なテーマである．

　ここで，私たちが示唆してきた「本質的な難しさ」の現代的およびデジタル的な現れに進む前に，アナログコンピューターの進歩について，特殊目的の機械的な仕組みから，多くの人がおそらく誤解して行き詰まっていると考えているかもしれない現在の状態に至るまでの経過を簡単に説明しよう．

8.6 微分方程式

　今まで述べてきたアナログコンピューターは，特殊な問題，したがって極めて特殊な方程式のみを解いていた．もう 1 つの例として，風洞は飛行機，自動車，そしてビルのような物体の周りの空気の流れを研究するのに 100 年以上も使われてきた．実際には，それらは流体力学の方程式を解くが，それらのみを解く．たとえば飛行機の縮小モデルが作られ，空気がそれに吹きつけられる．すると，測定により機体上の空気力学的な力が明らかになる．アナログコンピューターとしての風洞は，とくにデジタルコンピューターの出現前，とても有用であり続け，依然としてデジタル数値計算の結果を確認するのに使われている．しかし，それらは流体力学の問題のみを解くのである．もし非常に高価な風洞に投資し，いつの日か初期宇宙における銀河の形成を研究したいと思っても，あなたの運は尽きている．完全に違ったコンピューターを作る必要があるのである．

　鍵となる進歩は，**微分方程式**によって記述されるかなり広い範囲の任意の問題を解くことができるアナログコンピューターを作ることであった．微分方程式はエンジニアや物理学者にとっての飯のタネで，考えられるどんな種類の問題であれ，そのほとんどを記述するのに使われている．たとえば惑星や星の動き，競争環境における種の競争，電子回路における電流の流れ，材料中の熱の流れ，半導体における電子の流れなど，リストは無限に続く．科学を行う標準的な方法は，問題を記述する微分方程式を立てて，それを解くことである．運を頼りによく知られた関数を用いてペンと紙を使って解くか，その方程式がまったく新しく興味深ければコンピューターを使って解くのである．微分方程式は物理量の**変化率**にかかわるものである [19]．

　最も単純な例の 1 つは，ある特定の生物，たとえば栄養のある，培地での細菌の成長をモデル化するときに生ずる．最も単純な見方は，細菌が多ければ多いほど細菌の数（としよう）が速く増加するというものである．単に繁殖する細菌がたくさんいるというだけのことである．これを記述する 1 つ目の微分方程式は N の変化率が N に比例するというものである．予想されるように，成長には限界がないので N は指数関数的に増加する解になる．トーマス・マルサスは 18 世紀末にこのことを書き，結果として生じる恐ろしい人口増加の指数曲線を今日では**マルサスの法則**と呼ぶ．およそ 40 年後にピエール・フェルフルストが次の段階を踏んだ．彼は栄養素の取り合いによって細菌の成長率が制限されるという事実を考慮して微分方程式を修正した．彼はこのことを，N が増加すると減少する因子を加えることで行った．これはより現実的でとても上出来な解を導いた．ここで細菌の数はマルサスの法則に従って増殖が始まるが，その後培地の**環境収容力**と呼ばれるもので横ばいになる．これは，生物学者をはじめとする多くの科学者が，どのように興味を持ったシステム（系）を研究し，微分方程式を次々に洗練させているかというほんの一例である．

8.7　積分

　微分方程式を解くことは，単に信号の微分を見つける機器を相互につなぐ問題のように見えるかもしれない．しかしそうではない．というのは，私たちの物語を赤い糸のように貫く避けようのない制限の要因，ノイズに私たちを戻すからである．物理変数の変化率の計測は，本質的にノイズが多い．たとえばでこぼこな道を運転しているとき，道路が突如その道路の一般的な水準を超えて高くなるところでこぶを感じる．こういうわけで，汎用アナログコンピューターはいつも微分器の反対である**積分器**と連動する．道路の高さの変化率はこぶではとても大きいかもしれないが，道路の高さの実際の変化はとても小さいかもしれないのである．

　積分の手順は逆である．道路に凸凹（その微分）があれば，その微分を**平滑化（積分）**して実際の標高を見つける．また積分器を凸凹の起伏の合計を集計するものとしても考えることができる．積分は，物理学者とエンジニアにとってとても重要な道具であり，またそれ自体とても基本的な考え方なので，紀元前 3 世紀のアルキメデス

（暗黙には）や17世紀のライプニッツやニュートンを含む最良の数学者たちの関心を集めた．ここでは微積分の短い講座を開く必要があるとは思わない．積分が平滑化の作用であり，ノイズの多い微分の逆であるという直感を持てば十分である．

　ちょっとした郷愁を差し挟んでよければ，若き科学ファンとして近所の図書館に座り，宇宙の秘密についての本を漁っていたのを思い出す．おそらく今日では変な方法だが，当時は検索エンジンもなかったし，さらに言えばコンピューターもなかった．Gamow（1947）や同様の大衆本のレベルを越えようとするといつも，神秘的な積分の数学記号に出会ったものだ．それは細長く，どことなく古風な "S" であり[1]，禁じられた知識のオーラを帯び始めていた．ここでそれを書く勇気はない．話を続けるのが最良である．

　微分方程式が積分を用いたアナログコンピューター上でどのように解かれるかを見るために，最も簡単な場合である上述のマルサスの式を考えよう．細菌の数の変化率（N の微分）は，細菌の数（N）に比例している．たくさんいればいるほど，その数はより速く増える．重要な観察は，N の微分が N に比例すれば，N の微分の**積分**と N の**積分**もまた比例することである．"N の微分の積分" は定義によってちょうど N である（積分は微分の逆で，2つの操作は相殺する）．するともともとの式と同値である新しい式，N の積分が N に比例することを得る．たとえば機械的な積分器（もうすぐ登場する）があれば，これを設定するのは今や簡単である．ただその出力を取り出し，定数（比例定数）を掛け，それを機械的に，あるいは，電気的にその入力と結びつけるのである．任意の微分方程式を任意の汎用アナログコンピューターで解くことはこの線に沿って進んでいる．

8.8　ケルビン卿の研究プログラム

　任意の微分方程式を速く正確に解くことのできる機械を作ることは遠大な結果につながる革命的なアイデアである．繰り返すと，機械による解決の可能性に気づき，この方向に重要な一歩を踏み出したのはケルビン卿であった．そしてまたもや，この仕

---

[1] 訳注：積分記号 $\int$ のこと．

第 8 章 アナログコンピューター

事は 50 年後に MIT で取り上げられた．今度はヴァネヴァー・ブッシュによってである．

　Thomson and Tait（1890）の付録 B' は，1870 年代に *Proceedings of the Royal Society*（『王立協会紀要』）に掲載された信頼できる論文を注意深く選んで並べたものであるが，これを振り返ると，ケルビンは計算を機械化する目標で自身の研究プログラムを鋭く方向づけていたことが明らかである．ここで彼らのローマ数字はそのままにして，それらの要点を述べよう．

I 　最初の論文は潮汐予測機械を記述している．これは**フーリエ合成**を実行するもので，月と太陽によって産み出される潮汐の異なる周波数成分を一緒に足し合わせる．フーリエ合成の操作は**フーリエ解析**の逆である．これは第 2 章と第 6 章ですでに使ったが，2 つの操作は密接に関係した対で，各々が相手の操作を元に戻す．科学と技術でのそれらの応用はいたるところにある．たとえば，あなたは多分フーリエ解析を日に何度も使っているだろう．それは JPEG 画像の符号化形式の中心的なものである．もう 1 つの例としては，コンピューター音楽の最初期の実験でフーリエ成分からの音声合成が行われた．それはケルビンの潮汐予測機械とまったく同じ計算である．

II 　そして連立 1 次方程式を解くケルビンの機械の記述が来る．これはすでに見たが，のちにウィルバーによって本格的に実装された．

III 　次の論文は，ケルビンの兄でしばしば一緒に仕事をしたジェームズ・トムソンによって実際に書かれた．それは改良された機械的な積分器を記述しており，その機械の中核は微分方程式を解くために設計され，のちに**微分解析機** [m] として知られることになった．基本的なアイデアは，紙の上に描かれた図柄の面積を求める機械装置である**プラニメーター**から開発された**ホイール - ディスク積分器**より引き継がれている [20]．ホイール - ディスク積分器のとても単純化した図が図 8.7 に示されている．ホイールはプラットフォームとして機能し，ディスクはその上にあり，ホイールの中心からの可変な距離 $f(x)$ で回転する．ここで，x は

---

[m] 訳注：日本では，ブッシュの微分解析機が東京理科大学 近代科学資料館に動く状態に復元され展示されている（https://www.tus.ac.jp/info/setubi/museum/index.html）．この経緯や原理については https://www.tus.ac.jp/info/setubi/museum/index.html に詳しい．

127

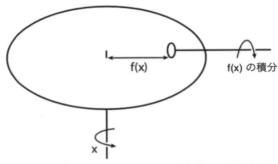

図 8.7 ホイール - ディスク積分器の原理．ホイールが角度 x で回転すると，ディスクはそれに従って中心からの距離 f(x) で回転する．こうして足し合わされて f(x) の積分が求められる（Irwin（2013/2014）による）．

ホイールの角度位置である[21]．その小さなディスクの回転，したがってその角度位置は，可変な距離 $f(x)$ の積分である．ホイール - ディスク積分器の問題はディスクが回転するのと同様に滑る必要があることである．これはケルビンを大いに悩ました．彼の兄，ジェームズ・トムソンは改良版を発明した．彼はホイールと記録用のシリンダーの間にボールを置いた．ケルビンは彼の機械にこのホイール - ボール - シリンダー積分器を採用した．

IV　ケルビンはそれからⅢの積分器を使い，**フーリエ解析機**をどのように作るかを記述している．前述したように，この機械はフーリエ合成機，すなわちⅠの潮汐予測機の挙動とは逆の挙動をする．

V　彼は二階微分を持つ（2 次の）微分方程式を解く機械を提唱した．

VI　そして任意の次数を持った微分方程式を解く機械を提唱した．

VII　そしてケルビンは**調和解析機**と呼ぶ，Ⅳで提唱された潮汐を解析するための機械の実際の構築を記述している．この機械は現在ロンドンの科学博物館に展示されている[n]．

　ケルビンを止めるものは何もなかったかのように見える．しかし，ここで 50 年もの技術的進歩が克服するために必要だった困難に遭遇した．ケルビンの問題は，1 つの途中の計算をいくつかの他のものに送る方法がなかったことである．機械的な形の

---

[n] 訳注：https://collection.sciencemuseumgroup.org.uk/objects/co60669/kelvins-harmonic-analyser-harmonic-analyser（2022 年 7 月 18 日にアクセス）

情報は弱く，アナログ計算の段階が次に移るにつれてどんどん弱くなっていった．同じ問題はデジタルコンピューターの電子論理回路にも生じる．そこでは 1 つのゲートの出力は，他のいくつかのゲートに渡される必要がある．この一般的な手順は**ファンアウト**と呼ばれ，電子式コンピューターではこのファンアウト問題は電子増幅によって解決している．各段階の出力は，それがつながっている他のすべての段階を駆動するのに十分なほど強くなくてはいけない．1925 年に初めて，ヘンリー・W・ニーマンが電子増幅器の機械版である**トルク増幅器**を発明した．そしてこれこそが，ケルビンの非常に一般的な微分方程式求解機を実現するために，ブッシュが投入した欠落部分である．そこから汎用の機械的なアナログ機械への道は開けた．その 1 つの実装は Bush（ブッシュ）（1931）に記述されている．

ヴァネヴァー・ブッシュは 20 世紀における最も影響力を持った科学者の 1 人である．彼はウィルバーと一緒に 1 次方程式求解機に取り組み，先ほど説明した微分解析機を作成した．そして第二次世界大戦の間，マンハッタンプロジェクトの創設を含む多くの重要なプロジェクトを監督し続けた．彼はまたクロード・シャノンを MIT の大学院生として指導した．そう，情報理論の創始者として登場したクロード・シャノンである．1941 年に，シャノンはブッシュのアナログコンピューターに関する基礎的論文，"Mathematical Theory of the Differential Analyzer"（『微分解析機の数学的理論』）を書いた．その中で彼は，非常に広いクラスの微分方程式が，今まで記述してきたタイプの微分解析機を使って解けることを証明している[22]．

8.9 電子的アナログコンピューター

機械工場で作成されなければならなかった機械的アナログコンピューターが，同じアイデアで積分器，加算器，尺度定数などを電子化したものに置き換えられたのは自然なことだった．そしてご存じのように，ムーアの法則とデジタル計算は，すぐに結果としてでき上がった汎用の電子アナログコンピューターを一掃した．しかし，1950 年代や 1960 年代は，商用のアナログコンピューターとデジタルコンピューターが互角の勝負をしていた時代だった．私自身，学部教育の一部では，図 8.8 に示されているものと大して違わないアナログコンピューターのプログラミングが必須だ

った．この場合の "プログラミング" は**パッチパネル**の配線を意味していた．パッチパネルとは，異なる部品をパネルに接続された電線で相互につなぐ配電盤である．図 8.8 ではパッチパネルが最前面に取り上げられている．なぜ私が第 1 章でそれを "ネズミの巣" といったか見て取れるだろう．

　今日では，特定の微分方程式がすでに解が知られているほんの少数のものでなければ，デジタルコンピューターが数値解を求めるために使われる．そしてそれを行うのに必要な数値的技法は高度に開発され，科学計算パッケージにおいてすぐに利用できる．デジタルコンピューターは今日とても速いので，アナログ機械を使うことを考慮するのは，もしあるにしてもまれである．しかしデジタルコンピューターの出始めの頃は，遅くて高いデジタル機械のために，スクリーンエディターなしに，さらに言えばコンパイラーすらなしにコードを書くより，パッチパネル上で回路を急ごしらえした方がはるかに簡単なときがあった！

　電子的アナログコンピューターの終焉は，明らかにアナログ計算の終わりとデジタルコンピューターの時代の始まりをもたらした．ここで，本章の最初に紹介した，問題解決機械としてのコンピューターおよび問題の "本質的な" 難しさという考えというより広範な視点に戻ろう．今日のコンピューターサイエンティストがどのように計算について考えるのか，そしてその考え方がほとんどいつも離散的な機械の観点であることを記述しよう．アナログ機械の葬式が，ひょっとしたら時期尚早かもしれないとほのめかした．しかしその問いは，シーンを変え，キャストを変え，そして新しい幕が開くまで延期しなければならない．

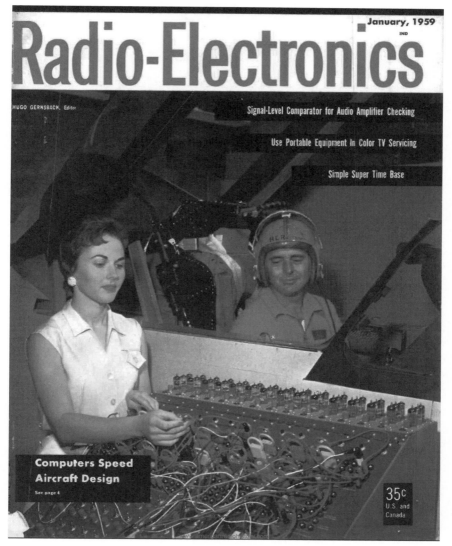

図 8.8 "コンピューターによる迅速な航空機の設計"– 競争時代の電子的アナログコンピューター（最前面）. 真空管の 3 x 15 の列がコンピューターコンソールの上にある（*Radio-Electronics Magazine*（『電波工学マガジン』）1959 年 1 月号の表紙. http://www.americanradiohistory.com/ で入手可能. 2017 年 9 月 15 日にアクセス）.

第9章
チューリングマシーン

9.1 チューリングマシーンの構成要素

　今日，**コンピューター**という用語そのものはアナログではなくデジタルを暗に意味し，**コンピューターサイエンティストたち**は，ほとんどいつも完全にデジタルなマシーン[a]を研究している．実際，コンピューターの理論家は約80年前にアラン・チューリングによって発明されたコンピューターの完全に離散的な概念に沿って研究しており，そのような機械－**チューリングマシーン**－の能力に関する主たる結論（と予想）については次章で議論する．本章の目的は，驚くべきことに19世紀初頭に発見された非常に基本的な2つの原則を用いて，ゼロからチューリングマシーンを構成することである．最初の原則は，現代の用語を使えば**ストアードプログラム**（プログラム内蔵）である．これはフランス人ジョゼフ・マリー・ジャカールによって完成され，製織業で実際に導入された．2番目の原則は，英国人チャールズ・バベッジによって考えられた**分岐**または**条件付き実行**である．

　チューリングマシーンのレシピは，（1）情報を離散的な形式のみで扱うこと，（2）ストアードプログラムとして制御を隔離すること，（3）事前の計算結果によってストアードプログラムの実行に備えることである．技術と数学がジャカールとバベッジに追いつくのに2世紀かかったのである．

　今では，ストアードプログラムは当たり前のものとしている．つまり今日の完全にデジタルなコンピューターが1ステップずつ実行しているものは**プログラム**，すなわち一連の**命令**によって決定されており，それはプログラマーにとって便利な言語で記述されている．しかし，これは機械のハードウェア（前に説明したように互いにつ

---

[a] 訳注：本書では machine の訳語としてマシーンあるいは機械を用いる．たとえばチューリングマシーンともチューリング機械ともいう．

132

なげられたゲート）によって，直接解釈可能なより基本的な言語に翻訳されている．したがって，すべてがデジタルの機械では，何らかのコードとして表現される制御と，そのコードによって指示され中央処理装置（CPU, the central processing unit）と呼ばれる特別な小さいチップで実行される計算自身を区別するのはたやすい．しかし，この制御と計算の区別が，すべてあるいは一部がアナログな機械でどのようにうまくいくのだろうか？　次節でデジタルコンピューターの反対，つまりすべてがアナログの機械から始めて，いくつかの例と共にこれに対する答えを解説していこう．

　ところで現代のデジタルコンピューターでは，プログラムが作用するデータは通常，プログラムから注意深く十分に分離されている．しかし，命令自身も理論的にはデータとして扱うことができ，それら自身のコードに作用するプログラムは**自己書き換え**（*self-modifying*）コードと呼ばれる．そのようなプログラムは，正しく実行するのにコツがいることと，悪意を持った賢いプログラマーによる攻撃を招くことの両方から，通常危険であると考えられている．

9.2　すべてがアナログの機械

　純粋なアナログ機械のとくに単純で明白な例として，前章で議論したアンティキティラ島の機械に戻ろう．それはすべてにおいて間違いなくアナログである．その機械は噛み合った歯車の集合体で，その結果は指示ダイヤルで示され，歯車やシャフト（言い換えればすべての動く部品）は自由に連続的に変わることができる．そのメカニズムの動作は，いかなる離散的な挙動とも関係がない．

　ここで，このアンティキティラ島の機械において制御と計算がどのように分離できるのかを考えてみよう．"プログラム"は私たちが通常，言語として考えるもので書かれてはいない．むしろ，どの歯車がどの歯車と噛み合っているかという選択と，これらの歯車の歯数の比に組み込まれている．計算の制御は"構造的"であり，そのメカニズムの組み立て方で具現化されている．しかし，惑星や月の位置，および日食の発生を予測するといった歯車によって実行される計算は，これらのまったく同じ歯車によって実行される．データ（各々の歯車の回転位置）と同じく，制御と計算はすべて緊密に連携しており，まったく分離できるものではない．

腕時計

アンティキティラ島の機械は，論理的には時計の先駆けである．実際，アンティキティラの職人の仕事は初期の時計師によって，少なくともその精神は受け継がれた．彼らは**オーラリー**（太陽系儀，*orreries*）と呼ばれる時計のような太陽中心の太陽系の模型を作製し始めた．多くの場合，それら自身とても美しく精巧な機械であるが，ここでそれらに触れたのは次に議論したいものが機械的な時計であるからである．

近頃，高品質で完全に機械製のゼンマイ式腕時計は一流の持ち物であり，たやすくデジタル時計の 1,000 倍もの値段になる．デジタル時計は水晶振動子の振動を数え，その数をデジタル表示に変換する．通常，前者を「アナログ時計」，後者をデジタル時計と呼び，後者はありふれた電子機器である．が，ちょっと待った！ いわゆるアナログ時計の動作を調べると，これ以上単純化できない離散的な要素が見つかる．それは，前後に振動するパレット（アンクル）で，最初はガンギ車のある歯，次に別の歯と噛み合っている．同時に，パレットとガンギ車は，はずみ車の振動によって制御され，また，主ゼンマイからの推進力を伝えることによってはずみ車を動かし続けている[b]．

機械的な腕時計の針は離散的なステップで動く．これは虫眼鏡で秒針を調べれば明らかである．したがって，機械的な腕時計はアナログとデジタルの両面を持っており，簡単には分離できない．また他の歯車に基づいた機構のように，制御と計算はどちらも構造の中に符号化されており，とても分離できない．

アンティキティラ島の機械の中の歯車は**連続的に**動くが，時計の中の歯車は**止まっており**，パレットが振動するときに跳ぶ．そのためそれらは離散的な部品と考えることができる．はずみ車が基本振動を完了するのにかかる時間は，ひげぜんまいの自由なアナログの動きによって決定される．つまり，機械的な時計は**アナログ的に制御されたデジタルコンピューター**と考えることができる．まったく正反対の状況は遠くま

---

[b] 訳注：たとえば「徹底解説！機械式時計の動く仕組み」https://www.rasin.co.jp/blog/special/mechanical_structure/ などに時計の仕組みの図解がある．

で探す必要はない.

電子的アナログコンピューター

電子的アナログコンピューターで異なる部品をつなぎ合わせるのに使われていたパッチパネル, すなわちネズミの巣を考えてみよう. 以前述べたようにパッチパネルは電話の交換台と同じように働く. ソケットの列があり, ケーブルをソケットの対にはめ込み, 部品間で電気接続が確立することによって, アナログコンピューターの動作が制御される. プログラミングはどのアナログ部品をどれにつなげるかを決め, そしてそれらを電気的に実際につなげることから成る. これらの接続は言葉通り**デジタル**である. 各々の可能な接続は ON または OFF のどちらかである. しかし, その結果生じる電流は連続的に変化し, ノイズに左右され, 以前かなり詳しく議論した意味で**アナログ**である. したがって, 前章で説明した汎用の電子的アナログコンピューターは, 実際には**デジタル的に制御されたアナログ機械**であり, 腕時計の反対である. 制御と計算は分離されているが完璧にではない. なぜなら部品をつなぐケーブルが2つの役割を持っていることに変わりはないからである. しかし, 完全な分離に近づきつつある.

9.4 回想: ニュージャージーのストアードプログラムの織機

1940 年代の私の子供時代, 暑くじめじめした夏の夜, ニュージャージー州北部は近所の工場の巨大な刺繡機の「チャカチャカチャカ」という眠気を催す音でいっぱいだった. 戦争中, それらの機械は四六時中, 地球の反対側の兵士たちのために紀章を縫っていた. 学校がない眩く輝かしい午後には, ガレージの屋根から開いた窓に上り, 「見張り番 (watcher)」を見つめて (watch) いたものだ. その見張り番は, 切れた糸の兆候がないかどうか, 色鮮やかな布切れが流れていく列の中を入念に調べ, 機械が稼働し続けるようにそれを巧みに直していた [1].

その機械は正確には**シフリー刺繡機**と呼ばれている. というのは, 本縫い用の糸を保持する光沢のある鋼製のシャトルが小型船の船体のような形をしているからであ

る．**シフリー**とは，スイスドイツ語で「小さな船」のことをいう．私は当時そのことを確かには知らなかったが，シフリー刺繍機はフランス革命直後に発明されたジャカード織機[c]の直系の後継であり，英国でチューリングと彼の同僚たちがナチスの暗号を解読するために開発した初期のデジタルコンピューターのいとこである．

　刺繍のパターンを作り出す針の列は紙テープ上の穴によって制御されており，これこそが，私たちが追い求めるストアードプログラムの決定的で完全な分離である．パンチされた紙テープの穴がプログラムであり—そして針のダンスが実行である．

9.5　ムッシュ・ジャカールの織機

　図 9.1 は，作業場に座っているフランス人の織工で発明家のジョゼフ・マリー・ジャカールを示している．彼は邪魔をされたようで不満気である．彼は右手にディバイダーを持っているが，この絵の鍵はその下にある穴あきのカードの山である．これらは彼の後ろのミニチュア模型に示されているように，彼の自動織機を制御するために糸でつなぎ合わされている．

　動作時には，針の列は順番に各々のカードに押しつけられ，穴に当たった針は留め金を動かす．その留め金は，カードの穴に対応した経糸（たていと）を上げる．このようにして，経糸ごとに垂直な緯糸（よこいと）が経糸の下と上のどちらを通るかを，カードの穴が制御する．刺繍は 1 行が一度に縫われる．各行は織機の経糸の本数に十分な枚数のカードによって制御される．

　図 9.1 の画像は版画と間違えやすいが，実際はジャカード織機によって黒と白の絹で織られたタペストリーである．その「プログラム」には，通常のファッション用の布の生産に使われるものよりもずっと多い 24,000 枚のパンチカードが使われていた．この古いジャカード織機用のカードには 6 行 8 列の穴があいており，1 枚 48 ビットであった．カードは織機に送り込まれるようにつなぎ合わされていた．24,000 枚という数字をこの小さなカードが 24,000 枚であると正しく解釈すれば，これはジ

---

[c] 訳注：ジャカール（Jacquard）が発明したジャカード織機（the Jacquard loom）で，同じ Jacquard という綴りだが，普通，人名のときはジャカール，機械のときはジャカードと呼んでいる．

図 9.1 自身の発明した織機で織られたジョゼフ・マリー・ジャカールの絹の肖像画[e]．1831 年にリヨン市より依頼されたクロード・ボンヌフォンによって描かれた絵が基となっている．窓にある弾丸の穴と見えるものは，製織産業における自動化の導入に対する絹織物職人の激しく，時には暴力的な抵抗の陰険な現れかもしれない（メトロポリタン美術館の厚意による．http://www.metmuseum.org/art/collection/search/222531．2018 年 1 月 22 日にアクセス）．

ャカールの肖像画が今日私たちが考える 144 KB を表していることを意味する[d]．ジャカールは偉大なビジョンの持ち主だったが，画像圧縮の発明を予期していたとは思えない．しかし，典型的な高品質の JPEG の圧縮比である 10 対 1 を使うと，この絵は 14 KB のモノクロ画像のようなものに相当する．そして，肖像画の全体的な印象はほぼ正しいように見える．今日では想像しにくいが，元の油絵からの A-D 変換は，ピクセルごとに手で行われたのだ．

ジャカード織機は迅速に，そして広範囲に賞賛を得た．1804 年に特許が取得され，1812 年までにフランスでおよそ 11,000 機が稼働し，そして 1832 年までに英国で 800 機が稼働した[2]．しかし，この発明はフランスや英国の絹織物職人から同じような熱烈な歓迎を受けたわけではなかった．結局，この織機は人手で動かされたドロー織機より約 24 倍も速く，ドローボーイの助けを借りずにそれだけで動いた[f]．織物業界の労働者は，至極当然ながら，ジャカード織機を彼らの雇用を脅かすものとして捉え，ジャカード織機は英国での反テクノロジー的なラッダイト運動[g]の一因となった．

パンチカードや紙テープを使用して何らかの方法で織機を制御しようとしたのはジャカールが最初ではなかった．彼は，うまくいったのが部分的だった機械を作成した何人かの先駆者からアイデアを借りた．しかし，力織機を制御する彼の機械は，自動で信頼でき高速であるもので最初のものであった[3]．それはブレークスルーだった．情報を記録するのに紙や厚紙に穴を開けるのは，少なくとも 18 世紀まで遡る歴史がある．そのアイデアはそれから自動ピアノに，そして 1960 年代から 1980 年代にかけて小さなコンピューターによってとても広範囲に使われてきた．すでに第 2 章で，1970 年代初頭に書かれたゴッドフリー・ウィンハムの D-A 変換プログラムについ

---

[d] 訳注：48 ビットは 48/8 ＝ 6 バイトに相当するので 6 ＊ 24,000 ＝ 144 キロバイト．

[e] 訳注：このタペストリーの jpeg ファイルがこちらにある．https://commons.wikimedia.org/wiki/File:A_la_mémoire_de_J.M._Jacquard.jpg （2022 年 9 月 6 日アクセス）

[f] 訳注：織機の歴史については，「ジャカードという表現」阿久津光子，『総合文化研究所年報』第 20 号（2012）pp. 33–58 に詳しい．https://www.agulin.aoyama.ac.jp/repo/repository/1000/12897/N20U033_058.pdf （2022 年 7 月 19 日アクセス）．ドローボーイのことも触れられている．ジャカード織機の前のドロー織機では，「紋様を出すために必要な経糸を引きあげる操作を織機の上部に人（空引工）が上がり，織り手と呼吸を合わせ製織していた．」（p. 39）．ドローボーイはこの空引工のこと．

[g] 訳注：産業革命期の 1810 年代に英国の織物・編物工業地帯で起こった，機械が職を奪うことに反抗して機械を破壊した運動．

て触れた．これは，プリンストン大学のコンピューターミュージックラボで紙テープ（あるいはマイラーテープ）からロードされ常時使えるようになっていた．現代の磁気的，もしくは電子的ストレージ媒体の進展によって，紙テープが廃れて久しい．しかし，その利点が決定的となる状況では例外的に使われている可能性がある．たとえば，それは電磁場には影響を受けないし，いざとなれば肉眼で読みとることができる．さらに，素早く簡単に破棄でき，軍事やスパイの仕事では理想的である．

9.6 チャールズ・バベッジ

　私たちはまだアラン・チューリングの登場のための舞台を準備し終わっていない．ストアードプログラムの考え方はとても重要であるが，それ自身だけでは有用なコンピューターを作るのに十分ではない．極めて重要なものが欠けているのである．ジャカード織機のプログラムは，たとえ複雑かもしれないが，同じパターンを生み続けるだろう．それはウェブブラウザーとして機能したり，電子メールを読んだり，あるいはただ名前のリストをソートするプログラムをすることは決してできない．決定的に欠けているのは，この機械が**事前の操作の結果を検証し**，次に何をやるかを決定する能力である．その考え方は "if" や "while" のような**条件文**と呼ばれるものを使うプログラムを書いたことのある人たちは誰でも慣れ親しんでいるものである．この新しい重要な要素はチャールズ・バベッジによって提供された．彼はこれをストアードプログラムのアイデアと結びつけた．これによって，彼は彼の方法で，彼の時代に，デジタルコンピューターを簡単で単純に発明したとまさしく言うことができる．

　チャールズ・バベッジは 1791 年に生まれ，1813 年から 1820 年の間に 1 ダース以上の論文を発表し，尊敬される研究者としての地位を固め，数学者としての専門家の人生を始めた．バベッジ自身による彼の出版物のリストは，キャンベル＝ケリー編集によるバベッジの愉快な回顧録に再構成されている [h]．そのリストの 18 番目に，従来の数学的興味からバベッジの後半生で注意とエネルギーのほとんどを注いだ題目への突然の出発を示している．それは "Note respecting the application of

---

[h] 訳注：https://en.wikisource.org/wiki/Passages_from_the_Life_of_a_Philosopher （2021 年 7 月 7 日にアクセス）にバベッジ自身による出版リストがある．

machinery to the calculation of mathematical tables"（「数表計算に機械を適用することに関する覚書」）と題され，1822 年に *Memoirs of the Astronomical Society*（『王立天文学会学会誌』）に出版された．バベッジの著作集の編集者であるキャンベル＝ケリーは，この機械化された計算というアイデアを，バベッジの友人でケンブリッジ大学でのクラスメイトでもあった有名な天文学者，ジョン・ハーシェルとの天文学に関する数表についての共同研究に帰するとしている[5]．

> このテーマについて話している過程で，私たちの 1 人が，そのときは確かにすべて本気というわけではなかったが，もし蒸気機関が私たちのために計算をうまく実行すればこんなに便利なことはないだろうとほのめかした．それは確かにそうだろうという返しがなされ，私たち 2 人ともそれに完全に同意しつつ，ここで会話が終わっていた．

　この時点で，バベッジは彼が**階差機関 1 号機**と呼んだものの設計に着手した．そう呼んだのは，これが加算と減算の操作のみによっていたからである[6]．これと将来の 2 号機の設計では固定プログラムを実行しており，これらが彼の**解析機関**への踏み台になりインスピレーションを与えたという点でのみ，ここでは興味深い．計算機に対するバベッジのすべての仕事で，彼は機械を設計する理論家の役割，エンジニアや技術者として機械を作る役割，そして彼のプロジェクトのために政府の助成金を求める資金調達者の役割を果たした．

　バベッジは幾分複雑な男だった．一方，彼は自宅で催していた土曜定例の夜会の華麗でしばしば魅力的なホストだった．この夜会にはビクトリア朝のロンドンにおける知的生活の華が参加していた．その中には，とくに私たちの興味を引く，彼の友人であるサー・ジョン・ハーシェルやバイロン卿の娘であるエイダ・ラブレースがいた[7]．その反面，彼は怒りっぽくナイーブで，概して経営者としての能力は乏しかった．政府の資金源，とくに首相のロバート・ピール卿とのやりとりはいら立たしく，最終的に彼からの支援は打ち切られた．

　バベッジに関する俗説によると彼は思い描いた機械のどれも決して完成させることができなかったと評されている．しかし，彼は，"階差機関 1 号機の 1/7 スケールを，

1932 年に約 2,000 個の部品からなるデモ機として組み立て，今日まで完璧に［動作している］"ものを確かに完成させた．実際，彼は自分の機械の実用モデルを実現させるために絶え間ない闘いを続け，特別な工作機械を設計し，当時の製作技術の限界を押し上げ，大量の詳細な設計図を作り上げ，そしてかなりの額の資金の必要性とも戦った．その時代においては，機械的な計算は蒸気機関の力でなされ，それ以外の何ものでもなかった．当時，電気は十分に理解されておらず，彼は安価な電気を使うというアイデアを試すという選択肢を持っていなかった．おそらくバベッジの最大の問題は，彼の抽象的なアイデアを鉄や蒸気に翻訳するという目標に固執したことだった．チャールズ・バベッジがいら立たしい人生を送っていたとすれば，その大きな原因は彼が間違った世紀に閉じ込められていたことによるものだろう．

　少なくとも私たちの目的のために，バベッジを最初の理論コンピューターサイエンティストとして考えることにし，未完成であるとしても彼の魅惑的な数トンの計算機関のことは置いておこう．ある意味，それらは彼の紙と鉛筆であった．彼は，計算を最も具体的に，ジョージ・ワシントンがアメリカ大統領だった時代に生まれた人間としては極めて合理的に考えていた．その上，コンピューターサイエンスの観点から見れば，彼の驚くべき貢献は，上述のようにストアードプログラムと条件付き実行を組み合わせ，最初の真に**汎用**デジタルコンピューターを初めて記述したことである．チューリングを議論した後に，この重要な語「汎用」が何を意味するかについてもっと述べよう．しかし，ここでは彼の創造的思考の真髄である解析機関に戻ろう．

9.7 バベッジの解析機関

　解析機関に必要な多くの，しばしば複雑なアイデアは絶えず流動的で，バベッジは絶え間なくそれらを簡単化し洗練させていた．彼はまた，どの時点においても概念的な機械の状態を完全な記述で残すという規律に明らかに欠けており，その結果として自身では解析機関の多くの世代について一般的でしばしばいらいらするほど曖昧な記述しか残していない．次に，これらの機械に取り入れられた多くの新しいアイデアを簡単に要約しよう．これらすべては今日の近代的なコンピューターに対応する点がある．

ストアードプログラム：バベッジはジャカールの絹の肖像画に大いに感嘆し，それらが特注でのみ作成され，まったく広くには出回っていなかったにもかかわらず，彼自身用にその複製を何とか手に入れていた．各複製は，ジャカールの自動織機でさえも，製作するのに長い時間がかかった．彼の覚書によると，1836 年 6 月，機械の制御にパンチカードを用いるというジャカールのアイデアをかなり意識的に借用した．これらはドラムとペグを使った[i]不便なシステムを置き換え，機械にペグをセットする際の誤りをなくし，無限の長さのプログラムを可能にするという重要な利点を持っていた．

逐次的プログラミング：解析機関の"繰返し装置"での一連の操作は，バベッジが"組合せカード"あるいは"オペレーションカード"と呼んだものによって制御されるはずだった．そのカードは，1960 年代から 1980 年代にかけてプログラムを格納するのに使われた 80 列のカードデッキ[j]（当時はどこにでもあったが，その後は廃れてしまった）を気味の悪いほど思い出させるものだった．これらのカード上の命令は**分岐**，すなわちそれまでの結果による条件付きの実行を制御できた．このことは，ずっと述べてきたように汎用の計算を行う際，有能な機械を組み立てるのにとても重要である．計算の出力をその入力に戻す仕組みも驚きである．これはバベッジが"機関が自分自身の尻尾を食べる"と称したものである．これによって一連の操作の繰り返し，すなわち私たちが**ループと呼ぶもの**を可能にしている．

乗算と除算：階差機関は加算と減算（これらは実際にはハードウェアの点では同じである）しか必要としないが，バベッジは彼の描く汎用計算のためにさらなる操作を望んだ．彼はその後，加算，減算，乗算，除算という 4 つの基本操作一式にたどり着いた．これらは私たちが現代の CPU から期待されるものとまったく同じである．

処理とメモリーの分離：解析機関のデータは今日ではメモリーと呼ばれ，バベッジが"ストア（格納）"と呼んだものの中にあり，彼が"ミル（Mill）"と呼んだ中央処理装置から少なくとも概念的には分離されていた．

印刷：階差機関の結果を印刷する用意はすでにされていた．さらに大量印刷用の刷

---

[i] 訳注：バベッジの解析機関では，ミルと呼ばれる演算装置の手続きが回転するドラム（バレルと呼ばれる）にペグを刺すことによって格納されていた．
[j] 訳注：パンチカードと呼ばれ，プログラムやデータの入力に使われた．イメージは次を参照のこと．http://museum.ipsj.or.jp/computer/device/paper/punch.html

版の作成も考えられていた[k]．手計算による数表には誤りが必然的に忍び込んでおり，バベッジにとって間違いのない印刷はとても重要であった．彼は"曲線を描く装置"さえ計画していた．これらは，今日では周辺機器（ペリフェラル）と呼ばれるもので，事前の計算のパンチカードの出力からオフラインで動作さえした．

効率と計算スピード：バベッジは，ほとんど現代の計算複雑度の理論家のように，彼の算術計算がどのくらい時間がかかるのかについて大いに注意を払っていた．計算速度への彼の関心の重要な例として，加算操作における繰り上げの及ぼす時間を最小にするためにかなりの考察を行っていた．たとえば，1 足す 999…9 において，最も直接的な方式だと，バベッジが使おうとしていた 50 桁のそれぞれの桁に対して左への繰り上げを伝播させていく必要がある．彼は最終的に，"予測桁上げ（anticipating carriage）"と呼んだ手法に到達し，ドミノ倒し効果（**桁上げ伝播**（*ripple carry*）と呼ばれる）を避け，今日の桁上げ先見加算器（carry-lookahead adder）の特許を120 年も前に打ち破っていた[10]．

Collier（1970）は，その機関に計画された他の極めて先見の明のある改良点についていくつか触れている．それらは外部記憶上の事前計算された表，プログラム可能な出力形式，"補助者にミスをしましたよと知らせる大鐘"を鳴らす装置を持った誤り自動検知などである．バベッジが心に描いていた鐘はどれほど大きかったのだろうか．

9.8 ラブレース伯爵夫人オーガスタ・エイダ・バイロン[l]

バベッジの頭脳でのひらめきや多くのブレークスルーにもかかわらず，彼の仕事は彼自身の国でますます無視されていった．彼が目指していたものはほとんど誰も理解できなかった．このことは，彼の想像力の並外れた飛躍を考えると理解できる．そして，機械の動くモデルがなかったので，彼は同胞からますます無視された．しかし，

---

[k] 訳注：紙やトレーの中の石膏に計算結果を印字でき，この石膏は計算表を本にまとめる際の原版になるので大量印刷用に使えた．
[l] 訳注：汎用プログラミング言語の **Ada**（エイダ）は，このエイダ・ラブレースにちなんで名付けられた．この言語は，1979 年の米国国防総省の信頼性や保守性に優れた組み込みシステム用言語を目的とした入札が行われ，作られたものである．

彼のイタリア人の友人であるジョヴァンニ・プラーナ[m]は親身になって話を聞いてくれ，1840年にトリノで開催されたイタリアの著名な科学者の会議で彼のアイデアを発表するように誘った．

　トリノの会議でバベッジは成功を収め，イタリアの一流科学者たちからの反応は総じて熱狂的だった．最も重要だったのはルイジ・メナブレアが彼の発表を聞いたことであった．なぜなら，メナブレアは1842年にスイスの論文誌にバベッジの解析機関の報告を発表したからである[11]．メナブレアの論文はフランス語で書かれていた．それがなければ，私たちは今日，エイダ・ラブレースのことや，おそらくバベッジ自身のことでさえほとんど知ることはなかっただろう．

　エイダ・ラブレースはバイロン卿の娘で，聡明で数学の才能を持ち自信に満ちた若き女性だった——それらはビクトリア朝時代の英国ではあらゆる点で困難な境遇をもたらすものであった．彼女はほんの17歳のときにバベッジに会い，そのすぐ後に彼の夜会で階差機関の動いているデモを見たとき，彼女は魅了され，バベッジの一生にわたる友人かつ支持者になった．エイダ・ラブレースの生涯，および彼女とバベッジや彼の機関との関係についての全容はどちらも感動的で，ある意味心を打つものである．しかし，その話は私たちの理想的な離散的な機械の構築への道からは逸れるので，彼女の主たる貢献に焦点を当てることにしよう[12]．

　有名な科学者で発明家のチャールズ・ホイートストンはエイダ・ラブレースにメナブレアの論文を訳すように勧め，彼女は素晴らしいスタイルでこれを行った．そして原論文より長い広範囲にわたる"ノート（注釈）"（彼女はそう呼んでいた）を付け加えた[13]．彼女のノートGはおそらく最初のコンピュータープログラムとして有名である．それはベルヌーイ数と呼ばれるものを計算している[14]．

　ラブレースはメナブレアの論文へのノート作成にあたってバベッジと緊密に協力し合った．数学やプログラムの内容がどれほど彼女自身によるもので，どれほどがバベッジによるものかは，歴史学者の仕事に残そう．しかし，メナブレアの翻訳に対する彼女のノートは，バベッジの解析機関に関するアイデアを，今日あるものの中で最も完全かつ明瞭に説明している．私たちは，それらを出版へと導いたエイダ・ラブレースに，少なくとも深く感謝している．

---

[m] 訳注：イタリアの天文学者で数学者．

9.9 チューリングの抽象概念

そこには，1843年，ジャカールのストアードプログラムとバベッジの条件付き実行という，現代のコンピューターの姿がある．アラン・チューリングがそれに対して適切な抽象概念を考案するまでほぼ1世紀かかった．その後，戦時中に技術が理想に追いつき，1940年代後半にはデジタルコンピューターの輝かしい開花が軌道に乗った．

非常に多くの出来事があった1世紀半を振り返り，後知恵の明晰さを持ってすれば，これらの断片をつなぎ合わせるのは簡単に見える．チューリングは"機械"が何をすることができるかという問いを研究したかったのである．彼の身になってみよう．どのように取りかかるだろうか？ 一方ではできるだけ単純でありながら，もう一方ではデジタルコンピューターが行う重要なことのすべてを実行する理想の機械を，どのように構築するのだろうか？

最初に入力データを考えよう．情報を離散的だけではなくバイナリー形式で保持する長所に関して以前議論したことを考慮して，ただ0と1にこだわろう．バイナリーデータを配列するのに一直線に置くより簡単な方法はない．したがって，セルに分割され，その各セルに0か1のどちらかが入るように視覚化された**テープ**を使おう．テープの長さはどうだろう．ここでは規則を作るのは自由なので，テープを望むだけ右と左に長くしよう[15]．

図9.2の完成した仮想のマシーンの絵を見ると，図の下部に2方向に無限なテー

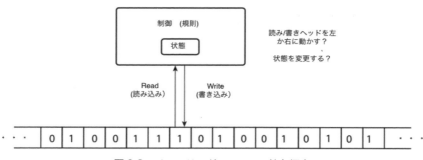

図9.2 チューリングマシーンの抽象概念

プを見ることができる．私たちはプログラムをマシーンの残りから分離することを約束した．そして，この図は"制御"と書かれた箱でそれを示している．制御はデータにアクセスできなければならない．つまりデータを読み，書き換えることを意味し，このことは制御（プログラム）の箱とテープ上のデータの間の矢印で示されている．計画通りに，これに対する可能な配列で最も簡単なものを選ぶ．どの時点でも，制御はテープ上の特定のセルの中身（0 または 1）を読み[n]，そのセルに対してのみその中身を変更できる．旧式のテープレコーダーやより現代的な磁気ディスクとの類推で，テープ上の特定のセルの位置にある読み書き**ヘッド**を想起しよう．

残されたのは制御ユニットの挙動を決めることである．あまり選択肢はない．有限個の規則があり，各規則はヘッドが 0 を読んだときに何が起きるか，そして 1 を読んだときに何が起きるかを特定する．ヘッドがスキャンしたビットを書き換えるかどうか，そしてその後ヘッドを右または左にたかだか 1 つ動かすのかどうかである．

この時点で障害物に直面しているように見える．この規則は"ヘッドが 0 を読めば，それを 1 に変えるかそのままにしておき，そしてヘッドをテープ上で左か右に動かす"のように見える．制御にはたった 2 つの規則しかなく，それらはヘッドが 0 を読むか 1 を読むかによっており，対称的なバリエーションを考えればあまり可能性はない．つねに一方向に動く規則対もあれば，テープに変更を加えない規則対もある．しかし，どちらもとても興味深い可能性には至らない．

新しいアイデアが必要である．これまでに提案されたたモデルの無力さは，1843 年のバベッジの洞察まで正確にたどることができる．ある時点から引き続いた計算の結果は事前の計算の結果に依存すべきというものである．私たちのモデルのテープ上のビットのいくつかは変更され，将来のステップに影響を与えるかもしれないというのは正しい．一方，その依存関係はあまりに制限されすぎていて，強力なマシーンを作るのに何の価値もない．これらを解決するのにいくつかの方法があり，チューリングは**状態**というアイデアを選んだ．

チューリングに従って，マシーンはどの時点でも事前に定義された有限個の**状態**の 1 つをとると仮定しよう[16]．すると規則は，ヘッドがスキャンしているのが 0 か 1

---

[n] 訳注：テープ上のセルには 0 か 1 だけが書かれていることが仮定されており，ここではブランクの状態は仮定されていない．本書末尾の注 15 に注意．

かだけでなく，マシーンの現在の状態にも依存しているのである．さらに規則は，スキャンしたビットを変えるか否か，動くのが左か右かだけでなく，現在のステップが完了した後にどの状態になるかというのも規定する．図9.2 は，制御の箱に格納されたマシーンの状態を示している．

　状態の追加は，理論的には，私たちが作り方を知っているいかなるコンピューターにも匹敵するほどチューリングマシーンを強力にする素晴らしい効果を持っている．それについては次章でもっと触れよう．

　現在のものと同じくらい強力な計算機の，さらに言えば構築を**想像**できる計算機のモデルを作るのに，状態の追加が唯一の方法ではないことは述べた．状態が重要なのは，それが過去の計算結果によってマシーンを進化させることを許すからである．あるいは，ヘッドに一時に 1 つ以上のセルのスキャンを許すことによってもこのことを達成できる．その結果得られるマシーンは**セルラーオートマトン**と呼ばれる．これは，たった 3 つのセルのみを一度にスキャンするヘッドと適切な規則を持ち，チューリングマシーンで可能などの計算も実行できることが知られている [17]．セルラーオートマトンの研究は，少なくとも自己複製を研究していたフォン・ノイマンまで遡る [18]．ここではそれらを議論する必要も紙幅もないが，私たちにとってセルラーオートマトンの最も重要な事実は，まさにその興味深いマシーンがチューリングマシーンと同じ計算能力を持つということである．これらは本章でとった構成の道で別の曲がり方をした結果だが，その道は本質的に同じ場所に到達する．ときには，それらを"隠れチューリングマシーン（crypto Turing machines）"と考えるのが好きだが，チューリングマシーンを"隠れセルラーオートマトン"と考えてもいいかもしれない．

　こうして，ジャカールのストアードプログラムおよびバベッジの条件付き実行の議論の主要点にたどり着いた．つまりチューリングマシーンによって捉えられ，すべてのデジタルコンピューターと – 多分 – すべてのコンピューターを包含する，**計算能力**という考えがあることである．この言説を挑戦状，および問題を解くための計算という主題への，そして次の 2 章への招待状と考えよう．

第 10 章

本質的な難しさ

10.1 頑健であること

ここで，コンピューターがいろいろな種類の問題をどのくらい速く解くことができるかという問いに焦点をおこう．多くのコンピューターサイエンスの理論家たちは，この**計算量**と呼ばれる分野の研究に勢力を注いでいる[1]．これらの類いの問いを研究する際の最初の課題は，物事を本質的なものに要約し，細部の泥沼にはまらないことである．デジタルコンピューターには異なる種類が多くあり，問題を解くためにアルゴリズムを記述する言語も多くあり，任意の与えられた問題を解くために使用できるアルゴリズムも多種多様である．このとき，一般的な意味を持つ質問を作成するのにどのように取り組めばいいのだろうか？　この問題の核心にたどり着くのに，1936年から1971年までという35年を要した．

計算量理論のふ化期間を実に驚くべき影響力を持った2本の論文の日付をもって正確に印づけることができる．それらは Turing（チューリング）(1936) と Cook（クック）(1971) である．上述したように，問題の難しさについての一般的な問い，そして他の多くの科学的疑問に立ち向かう際の課題は，細部の泥沼にはまることがなく広く適用可能な結果を得ることである．たとえば，ある問題を，Windows の機械では速く解くことができるが Mac では未解決であるということの証明に多大な時間を費やしたくはない．同じように，蒸気船のスケジュールについて何も教えてくれない配達トラックのスケジュールを求めることに関して何かを証明することに多くの時間を使いたくない．必要なのは，使用する可能性のあるマシーンのあらゆる合理的なタイプを包含する，十分に**頑健な**計算機を定義する方法と，実用的な意味で簡単な問題と難しい問題を区別するのに十分に頑健な，問題を考察する方法である．1936年の論文で，アラン・チューリングは正確で実りの多い方法でコンピューターを定義した．

そして 1971 年の論文で，スティーブン・クックは "たやすい" 問題についての実用的な定義や，細部から非常に重要な抽象化を与えるより大局的な見方を与えた [2].

10.2 多項式と指数関数の二分法

　コンピューターが問題を解くのにどのくらいの時間かかるのかを研究する枠組みはとてもよく標準化されてきている．問題のすべての事例（インスタンス，instance）には，与えられた事例がどのくらい "大きい" かを大体表している**サイズ**と呼ばれる数が付属していると仮定する．もっと正確に言えば，問題の事例のサイズは，その入力を指定するデータを書き下すのに必要な記号（シンボル）の数である．そして，与えられたアルゴリズムが問題の事例を解くのに何ステップかかるかについて研究する．通常，大きな事例に対して計算時間が尽きてしまうことを心配しているので，小さな事例に対するアルゴリズムの計算時間は無視することができ，事例のサイズがどんどん大きくなっていったときに何が起きるのかに注意を払う．その結果として必要な時間を，そのアルゴリズムの**時間計算量**（*time complexity*）と呼ぶ [3].

　たとえばリストにある名前をアルファベット順に並べ替えたいとしよう．このソート問題の事例は名前のリストであり，事例のサイズとしては簡単にそのリスト上の名前の数とすることができる．2 番目の例として，第 8 章で議論したシュタイナー問題を解くアルゴリズムを研究したいとすると，町の数を事例のサイズと見なすことができる．この両方の例で，共通のそして合理的な仮定を置いた．それは，名前や町の位置などの各データ項目がストレージにおいて固定数の格納場所に収まるというものである．これは，事例のサイズをデータ項目の数と考えることを正当なものにしている．

　おそらくご存知のとおり，あるいはご想像のとおり，物事のソート（並び替え）は非常に単純で，基本的で，一般的に遭遇する問題なので，コンピューターサイエンスの入門コースでは，伝統的な初期の注目対象として扱われている．ソートに対する最も素朴で簡単なアルゴリズムは（だんだん大きくなる事例に対して）アイテム数の 2 乗に比例するステップ数がかかる．しかし，ソートするのにもっと良い方法がある．アイテム数にその**対数**を掛けただけのものに比例したステップ数でソートするその方法は，アルゴリズム設計の世界における潜在的な罪人たちに最初の道徳的案内を提供

している[a]．しかし，シュタイナー問題は完全に別の問題である．知られている最良のアルゴリズムでさえ指数関数的なステップ数がかかるのである．

チューリングとクック両者の仕事の頑健性への鍵は，ムーアの法則に関連して以前に見たことのある区別である．私たちはそのこと，**多項式的に成長する時間計算量は実用的で受け入れることができるが，指数関数的な成長は受け入れることができない**ということを指針として使うことができる．指数関数的速度は私たちを必然的に行き詰まらせるということにすでに注意している．多項式的速度は**定性的**により優しい．アルゴリズムが問題のサイズの多項式の時間で走るとき，そのアルゴリズムは**多項式時間**であると言い，同様に指数関数の場合も**指数時間**であると言う．

業界用語を使って，上記で例として用いた2つの問題に戻ろう．ソートを多項式時間で行う多くの方法があるが，シュタイナー問題についてはどんな多項式時間のアルゴリズムもいまだに発見されていない．しかも，シュタイナー問題に対してはどんな多項式時間のアルゴリズムも存在しないと信じるに足るもっともな理由があり，これに対する証拠が本章の残りの主題である．実用的な意味では，ソートは簡単でシュタイナー問題は私たちが知る限りにおいて難しい[b]．

私たちが"易しい"問題と"難しい"問題を区別するのに使っている多項式と指数関数の二分法は，実際にはずさんであることを自由に許しているのである．たとえば時間を測るのにどの単位を使うべきかについては触れていない．世紀，マイクロ秒，それともマシンサイクルであるべきなのか？　違いは単なる尺度の問題であって，多項式は任意の定数で時間の尺度を変えても多項式のままである．使うコンピューターの種類はどうなのだろうか？　チューリングはマシーンに関しての定理を証明したかったので，彼のマシーンをとても正確に定義した．しかし（幸運なことに）私たちはチューリングマシーン上でプログラムを走らせない．高度に理想化されたチューリングマシーンに関する定理から，どのようにして日々の計算に対する要求についての結論を出すことができるだろうか？　再び，多項式と指数関数の二分法が私たちを救っ

---

[a] 訳注：アイテム数を n とする $n \log n$ に比例したステップ数がかかる．これは最適なことが証明されており，アルゴリズム設計の世界の研究者にとってはこのステップ数（時間計算量）が原理的な基準になるということ．

[b] 訳注：英語では hard とか intractable という用語を使う．それぞれ「難しい」や「（扱うのが）困難な」という用語を対応させるのが普通．逆に，easy とか tractable という用語を「たやすい（容易い）」「易しい」という用語に対応させる．

てくれる．なぜなら，任意の合理的な種類のコンピューター上のアルゴリズムにかかる時間は，他の任意の合理的な種類のコンピューター上でかかる時間の多項式であることを証明できるからである．この二分法は多項式と指数関数の非常に大きな差を具体化しているので，これらの証明は通常それほど繊細さを必要としない．

10.3 チューリング等価

多項式と指数関数の二分法を使って計算機械を比較する方法をさらに説明するために，片方の機械がもう片方を**シミュレーションする**ということが何を意味するのか議論する必要がある．それは単純だが重要な概念である．片方の機械がもう一方の機械をシミュレーションするとは，両者とも同じ入力に対して同じ出力を生み出すことをいう．片方の機械がもう一方よりはるかに速く走るかもしれないし，内部の動作はまったく違うかもしれない．ただそれらの入力から出力への挙動が同じであるということを主張しているのである[4]．

例を挙げると，ある言語で書かれたプログラム（実際にどの言語かは関係ない）を走らせ，明確な入力に対して明確な出力を生み出す普通のデスクトップコンピューターを考えよう．このデスクトップは確実にチューリングマシーンをシミュレーションできる．実際，オンラインで入手可能なこのようなシミュレーターがいつでも数多くある．逆に，チューリングマシーンでデスクトップをシミュレーションするものがあるだろうか？　ここでは詳細に踏み込む必要はないが，ほんの少し経験を積めば，与えられたデスクトップの機械語を実行するチューリングマシーンを設計するのは，原理的にはそんなに難しくはない．練習問題以外でこれを行うのはあまり意味はないが，いつもできるということは間違いがない．

すると，典型的なデスクトップとチューリングマシーンが互いにシミュレーションできることが分かる．この場合，マシーンは**等価**（*equivalent*）であると言い，マシーンがチューリングマシーンに等価であれば**チューリング等価**（*Turing equivalent*）であると言おう．したがって，通常のデスクトップはチューリング等価であると論じてきたのである．しかし，このシミュレーションがどれほど効率的なのかについては何も言っていない．たとえば，あるマシーンはチューリングマシーンでシミュレーシ

ョンできるが，それは指数時間を使ってのみ可能かもしれない．もっと興味深いのは，マシーンの等価に関与するシミュレーションが多項式時間であるときである．すなわち，各々のマシーンがもう一方のマシーンで要する時間の多項式時間で実行できるときである．これが正しいとき，マシーンは**多項式等価**（*polynomially equivalent*）であると言う．結局，チューリングマシーンが計算時間における多項式の損失のみで，どんな普通のデスクトップもシミュレーションするプログラムができ，そしてその逆もできることが分かる．この場合，デスクトップは多項式的にチューリング等価であると言う．あなたのスマートフォンやラップトップ，食器洗浄機や車の中の集積回路は，すべて**多項式的にチューリング等価**である．"デジタル"という形容詞に真に値するどんな機器もチューリングマシーンを多項式時間でシミュレーションでき，その逆も可能である．

ここで重要な問いが生まれる．前の章で議論したアナログコンピューターも含めて**すべての**コンピューターは多項式的にチューリング等価だろうか？　この問いは次章まで先送りし，ここではデジタルコンピューターに限定することにする．

チューリングマシーン上でのデスクトップのシミュレーションは，むしろ非効率的な操作であるかもしれない．チューリングマシーンが各問題に対してデスクトップでかかるステップ数の2乗のステップ数を要するとかである．これは簡単に起きる．たとえば，チューリングマシーンがデータの取込をシミュレーションするのに，そのメモリー内を行ったり来たりしなければならないかもしれない．最初はこれが悲惨なことに見えるかもしれない．結局，計算時間を2乗にすることは100秒が10,000秒になることを意味する．しかし，多項式の2乗はいまだに多項式であり，このこととさらに似たような理由で，どんなアルゴリズムでも時間計算量の多項式性を保ちながら，チューリングマシーンでいつもデスクトップをシミュレーションできる．私たちにとって重要なのは，この二分法の多項式側にとどまることである．

この時点で，多項式と指数関数の成長率の質的な違いを再度強調しておくのは重要である．私たちは前者をほとんどいつも良性だと見なすが，後者は"レンガの壁（brick wall）"という言葉を呼び起こしそうだ．その用語はムーアの法則と関連づけて使った．チップ上のトランジスターがとても小さくなってきたので，ほんの数年のうちに物理的な限界に到達せざるを得ないことが意味されている．私たちが知る限

り，トランジスターは電子よりは小さくなり得ない．チップの密度が2，3年（あるいは10年）ごとに2倍になる指数関数的な法則は，私たちがとても堅牢で堅固な現実への衝突に向かっていることを意味している．

ここで，指数関数的な増加率がプログラムの処理時間に対してどのような意味があるのかを見るために少し計算をしてみよう．たとえば名前のリストを処理したいとし，N個の名前を処理するのに$N^2/100$秒かかるとしよう．10個の名前のリストのソートは1秒かかる．より長い10倍のリスト，つまり100個の名前を処理するのに100秒しかかからない．待っている間に紅茶を淹れる時間もない．

その代わりに，2番目のソートのプログラムが$2^N/1000$秒かかるとし，それを10個の名前のリストに対する最初のプログラムとちょうど匹敵するものとしよう（$2^{10}/1000$は約1秒である）．すると100個の名前の処理に40,196,936,841,331,475,187年かかる．これはめちゃめちゃな数の紅茶を淹れるのに十分な時間である．このことはちょうど，なぜ多項式と指数関数の二分法が私たちの偉大な友であるかという理由を示している．つまり2種類の挙動の間の差異は非常に大きいので，アルゴリズムを解析する際に，実用的なものと馬鹿げたものとの間の決定的な違いを保持したままで，煩わしい細部を無視できるのである．

10.4　2つの重要な問題

ここで，2つのとてもよく知られた問題を考えよう．それらは計算量の研究をどの深さで進めるにしても避けては通れないものである．これらの問題が何かを正確に説明するためには，すでに第3章でバルブから論理ゲートを作成した議論の際に何気なく使った記号法が必要である．次の2つの段落で必要なものを少し書き留めることにしよう[5]．このわずかに形式的なものを使うことで，理論コンピューターサイエンスの中心的な結果であるクックの定理の知識を得られるだろう．

第3章で信号の標準化を議論したときに，TRUE か FALSE の値のどちらかをとることができる離散的な信号を扱ったことを思い出されたい．論理ゲートは入力信号の値を受け取って出力信号を生み出すが，これもまた TRUE か FALSE のどちらかである．そして，NOT ゲート，AND ゲート，OR ゲートも議論した．ここで定義

する2つの問題は，これらの要素，すなわちそれぞれ TRUE か FALSE の値をとる変数 a，b，c，... や基本ゲート操作 NOT，AND，OR を使って，論理表現あるいは論理式で定義できる．たとえば，典型的な論理表現は $Q = (a$ OR $b)$ AND $(b$ OR $c)$ のようなものである（これは a が TRUE もしくは b が TRUE のどちらかであり，さらに b が TRUE もしくは c が TRUE のどちらかであることを意味している）．また NOT ゲートを使うこともでき，便宜上 $\bar{x}$ のように変数の上に線を引いて NOT x を表す（x が TRUE ならば $\bar{x}$ は FALSE で，その逆も成り立つ）．

　私たちの2つの問題を記述するために，ある種の標準形，簡単に言えばいくつかの OR を AND でつないだ論理表現を考えたい．すなわち，上記の Q のような式に限定する．これらの論理式を連言標準形（*conjunctive normal form* (CNF)）と呼ぶ．各節（clause）にちょうど2変数あり，節が（上記の Q のように）AND で結び合わされているとき 2-CNF 式と呼ぶ．各節にちょうど3変数あり，節が AND で結び合わされているとき 3-CNF 式と呼ぶ．たとえば，$R = (a$ OR b OR $c)$ AND $(\bar{b}$ OR c OR $\bar{d})$ は 3-CNF 式である[b]．

　ここで私たちの2つの問題を定義できる．最初のものは有名で2番目のものは有名ではない．2つの問題とも，入力式が CNF 式で与えられたとき，yes か no で答える質問の枠組みに入る．

・**2充足可能性問題**（2-satisfiability (2-SAT)）：任意の式が 2-CNF 式で与えられたとき，変数 a，b，c，... に TRUE か FALSE の値を選び，その式を TRUE にできるか？

・**3充足可能性問題**（3-satisfiability (3-SAT)）：任意の式が 3-CNF 式で与えられたとき，変数 a，b，c，... に TRUE か FALSE の値を選び，その式を TRUE にできるか？

　これらの2つの問題はほとんど同じに見えるかもしれないが，似て非なるものである．最初のものは上述したソートの問題のようなものである．なぜなら，その入力式の長さに関する多項式の時間でそれを解くアルゴリズムがあるからである．標準的な用語では，2-SAT は**多項式時間**で解くことができると言う．2番目の問題はまっ

---

[b] 訳注：節の中は論理和であることに注意．AND が節の中にある場合は，CNF の形に変換できるので．

たく別の問題であり，シュタイナー問題のようなものである．多くの素晴らしい研究者たちが長年 3-SAT に対する多項式時間アルゴリズムを見つけようと挑戦し続けてきたが，誰も成功していない．一方で，これは胸に留めておかなければならないが，3-SAT に対する多項式アルゴリズムが存在しないことを実際に**証明した**ものは誰もいない．この時点で，問題の**本質的な難しさ**と呼ぶものについてまったく何も分かっていないように見えるかもしれない．しかし，分かっていることの実際の状態は，次に掘り下げるいくつかの魅力的なアイデアのおかげで，もっと繊細でもっと有用でもある．

10.5　たやすく検証された証明書付きの問題（NP)

　私たちの 2 つの見本の問題 2-SAT と 3-SAT は両方ともとても便利な性質を持っていることに注意しよう．ある事例が充足可能な割り当て（yes 事例である）を持っていると主張するなら，それを素早く証明する方法がある．そのような割り当てを作り，その事例の変数に割り当ての TRUE か FALSE の値を単に代入し，各節が TRUE になるかを検証し，多項式時間で調べればよい．これにはその事例を一度実行するだけでよく，したがって多項式時間だけですむ[6]．多項式時間で検証できる問題の yes 事例を成り立たせる記号のリストは**証明書**（*certificate*）あるいは時折，**簡潔な証明書**（*succinct certificate*）と呼ばれる．もちろん，証明書は多項式的な長さでしかない．そうでなければ，単にそれを読み込むだけで多項式時間より長い時間がかかることになる．

　このアイデアで，NP と呼ばれるとても重要な問題のクラスを定義することができる．このクラスは，すべての yes 事例についてたやすく（多項式時間で）確認可能な証明書を持つ問題群である[7]．2-SAT も 3-SAT も NP に属している．なぜなら上述したように，yes 事例に対する TRUE か FALSE の値のリストはとても簡単に検証できるからである．NP はとても大きいクラスで，たやすいものも難しいものも含めて考えられるほとんどすべての yes か no で答える問題を含んでいる．

　また，**たやすい**問題のとても自然で重要なクラスとして P（**多項式**（polynomial）の P）を定義する．これらは多項式時間で解くことができる問題群である．P に属す

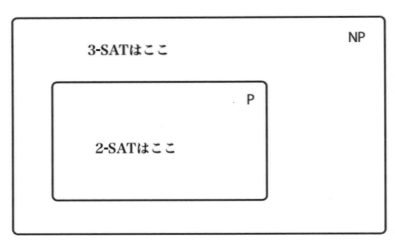

図 10.1　クラス P は NP に属す．P と NP は実際に異なるだろうか？　誰にも確証はない．

すべての問題もまた NP に属すことを見るのは難しくはない．質問が P に属すなら，ただ yes か no の質問に答えるマシーンを走らせればよい．すると，その実行の記録が対応する事例に対する証明書として機能する．マシーンは P に属す問題を解くのにほんの多項式のステップ数しかかからないので，その証明書はせいぜい多項式の長さにできる．図 10.1 は何が確実に真であると分かっているかを示している．P は NP に属し，2-SAT も 3-SAT も NP に属し，2-SAT は P に属す．

10.6　ある問題を別の問題に帰着する

　整理すれば，私たちは，なぜいくつかの問題が本質的に難しいように見え，片や他のものがたやすいのかをある程度理解した状態である．残念ながら，デジタルコンピューターの計算能力に関するこれらの秘密は完全には理解されていないし，実際のところ永遠に理解されないかもしれない．しかし，私たちがまさに理解していることは本章の初めに述べたチューリングとクックの貢献まで遡ることができる．私たちが必要とする最後の装置は，Cook（1971）にて開発された，ある問題を他の問題に帰着するという素晴らしく実りの多い着想である．

　帰着の具体的な例を見るために，2 つのより非常に有名で重要な問題を考えよう．

それらは巡回セールスマン問題（Travelling Salesman Problem; TSP）とハミルトン閉路問題（Hamilton circuit problem; HC）である．一般的な巡回セールスマン問題では，都市を巡回する架空のセールスマン[c]のために最も効率の良い旅程を選ぶことが問われる．もっと正確には，与えられた町の集合におけるすべての対の間の距離が与えられたとき，そのセールスマンの本拠地からスタートし，すべての他の都市を**ちょうど一度だけ**訪問して本拠地に戻ってくる，全体の長さが最小になる巡回路を見つけることが問われる．この数学的な問題は少なくとも 80 年間，数学者やコンピューターサイエンティストを悩ませてきた．

　有名な数学のパズルとしての役割以外に，巡回セールスマン問題は実務的にも同様にかなり重要である．たとえば，回路基板にドリルで穴を開ける順番を選ぶ際に生ずる[d]．組み立てライン上のコンピューターで制御されたドリルは，配置された穴をすべて訪れ，次の回路基板のために開始地点に戻らなければならない．同じ問題が空の与えられた位置の集合を望遠鏡で訪れる順番を計画する際に生ずる．ほんの少数の都市を超えただけでもその難しさが急速に露呈する．可能な巡回路が指数関数的な数あり，それらの多くの全長が近いということが簡単に起きる．この問題がほどよく小さい例に対してさえどのくらい難しいかを示す良い例として，プロクター・アンド・ギャンブル（Procter and Gamble, P&G）社が 1962 年にわずか 33 都市でコンテストを開催し，最良の解に 10,000 ドルの賞金を出したことが挙げられる[8]．

　私たちが考える 2 番目の問題であるハミルトン閉路問題はもっと古く，巡回セールスマン問題と同じように悩ませてきた．この問題では，都市間の距離が与えられる代わりに別の状況を想定している．ある都市群（必ずしもすべての対ではない）が直接つながった道路で結ばれていることが示されているとき，すべての都市を**ちょうど一度だけ**訪ね開始点に戻ってくる巡回路があるかどうかという問いに答えたいのである．

---

[c] 訳注：これを巡回セールスマンと呼ぶ．
http://www.math.uwaterloo.ca/tsp/pla85900/index.html （2022 年 7 月 24 日にアクセス）によると，85,900 都市の問題（pla85900）に 2005／2006 年に最適解が求められたと 2007 年に報告されたものが現在の記録のようである．
[d] 訳注：現在，典型的には穴（スルーホール）の数は 30,000/m² ～ 50,000/m² 程度が多い．（https://www.ally-japan.co.jp/glossary/a-glossary.html）

巡回セールスマン問題とハミルトン閉路問題はとても関連しているように見える．実際，それらは次の正確な意味で関連している．もし巡回セールスマン問題を解くアルゴリズムがあれば，そのアルゴリズムをハミルトン閉路問題を解くのに使うことができるのである．これを見るために，解きたいハミルトン閉路問題の事例が与えられているとしよう．このとき，やるべきことはハミルトン閉路問題でつながっている都市間は距離 0 を，そうでない都市間は距離 1 を割り当てた巡回セールスマン問題を構築するだけである．すると，その結果得られる巡回セールスマン問題の最小距離を持つ巡回路が全長 0 ならば，ハミルトン閉路問題に巡回路があることが分かる．なぜなら，その解で用いられたすべての道は長さが 0 でなければならず，それらはハミルトン閉路問題で存在した道路に相当するからである．巡回セールスマン問題の最小距離を持つ巡回路の全長が 0 より大きいならば，ハミルトン閉路問題に巡回路がないことが分かる．なぜなら，都市間に道路がないところを使っているからである．この状況のように，巡回セールスマン問題を解くプログラムを使ってハミルトン閉路問題を解くことができるとき，ハミルトン閉路問題（HC）は巡回セールスマン問題（TSP）に**帰着する**（HC *reduces* to TSP）という．この簡単な例で行ったように，多項式時間で済むという意味で，帰着の構築は**効率的**であるとつねに仮定する．

ここで，問題 A が問題 B に帰着されれば，つまり問題 B を多項式時間で解く方法が分かれば，問題 A も多項式時間で解くことができることに注意しよう．言い換えれば，**A が B に帰着されれば，B は少なくとも A と同じくらい難しい**のである．私たちは帰着をこのように，ある問題から始めて，帰着の連鎖を作って，他の多くの問題が少なくとも最初の問題と同じ程度に難しいことを示すやり方で用いる．このやり方は，初めて見たときには混乱のもとになるかもしれない．なぜなら，問題を**たやすい**ものに帰着する方法を探す方が自然な傾向であるからである．こうして，後者を解くことで前者を解く――つまり，問題 A を B に帰着させることが，A が少なくとも B と同じくらい**たやすい**ことを示すという事実を利用する．ここで，論理を反転する．A を B に帰着させることで，B が少なくとも A と同じくらい**難しい**ということを示すのである．

10.7 YES か NO かの問題

ここで問題がどのように特定されるかの詳細について触れるべきだろう．簡単のために，それらは 2-SAT，3-SAT，ハミルトン閉路問題のような yes か no かで答える問いの枠組みであると仮定してきた．しかし，巡回セールスマン問題は最短距離の巡回路を尋ねている．このような複雑さは実用上は重要ではないことが非常に多い．なぜなら，yes か no かの解を生み出すアルゴリズムは巡回路のような解を構築するのに使われ得ることを，通常示すことができるからである．たとえば，巡回セールスマン問題では，全長がある数を超えない巡回路があるかどうかを問うことができる．それから，逐次洗練して範囲を狭め，さらに個々のリンクに人為的に高いコストを与えた場合を問う．同じようなことを続けて，最終的に最適な巡回路でのリンクの集合を見つける．ここで重要なのは，架空の yes か no かを生み出すアルゴリズムを多項式回数しか使わないことである．多項式アルゴリズムを多項式回使うのは別の多項式アルゴリズムである．したがって，私たちの例では，巡回セールスマン問題で yes か no かで答える質問（あるコストを持った巡回路が存在するかどうかという問い）に対する効率的なアルゴリズムは，実際に巡回路を生成する効率の良いアルゴリズムを生み出す．再度，多項式と指数関数の二分法はアルゴリズムを研究する仕事を著しく単純にし，より大きな全体像に集中することを可能にしたのである．

10.8 クックの定理：3-SAT は NP 完全である

今，私たちはクックの定理を理解するところにいる[9]．それは驚くべき結果で，広範囲にわたる影響を持っている．NP に属すすべての問題は 3-SAT に帰着されることを示す．

その証明は 3-SAT を 2 つの方法で見ることができるという事実を利用している．最初に，式を TRUE にするように，与えられた 3-CNF 式の変数に対する TRUE か FALSE の値を見つけることができるかどうかを単に問う．この場合，3-SAT 問題の事例を抽象的な質問として扱い，それ以上の何者でもないものとして扱う．しかし，

変数に**意味**を与えることもでき，3-CNF 式を私たちが気にかけていることに関する記述として解釈することもできる．後者の解釈が私たちの目標への道を示すのである．

　ここで，NP の任意の問題の事例を取り扱うとし，この問題を A としよう．A は NP に属しているので，A のすべての yes 事例に対して，正しく機能するチューリングマシーンによって検証される証明書があることが分かっている．問題 A の事例から，次の記述を正確に表す 3-SAT の事例を構築できることが分かる[10]．"正しく機能するチューリングマシーンによって検証される問題 A のこの事例に対する証明書がある．" この式の中の変数に対する TRUE か FALSE の値はこの証明書に対応しており，この証明書は結局ビットのリスト以上のものではない．構築された証明書の変数は "10 の時刻に，チューリングマシーンのメモリーの 97 番地が使われていて，42 番目の命令が実行されている" というような解釈を持つ．3-SAT の表現は "チューリングマシーンのメモリーのすべての位置は，ただ 1 つの許される記号を含む" といったようなものを表す．

　明らかに，任意の与えられた事例に対して構築された式は，多くの変数と多くの節（それらはすべて一緒に AND で結合される）を用いるだろう．しかし，ここが重要だが，問題が解決するとき，それは私たちが開始した問題 A の事例についてほんの**多項式**の長さだろう．さらに，その事例が問題 A の yes 事例であることを示す証明書があるとき，そしてそのときに限り，構築された式は変数に対して満足する TRUE か FALSE の選択を持つ．このことが，問題 A が 3-SAT に帰着するという主張の正確な意味である．したがって，問題 A のどの事例も 3-SAT に帰着する．本書が数学の本であれば，この証明の詳細を書き下し，"証明終わり（QED）" と言えるところだ．

　この結果からすぐに導かれる帰結は，3-SAT を効率よく解くことができれば NP に属すすべての問題を効率よく解くことができるということである．このことは，3-SAT が NP に属す任意の問題と同じくらい難しいという言葉で表される．この性質を持つ NP に属す問題は，**NP 完全**（*NP-complete*）と呼ばれる．これでクックの定理をとても簡潔に，「3-SAT は NP 完全である」と表現できる．NP 完全のアイデアは次の理由によってとても強力である．ある NP 完全問題（問題 X としよう）を効率よく（すなわち多項式時間で）解く方法を見つけることができたとしよう．する

と NP に属すすべての問題は X に帰着するので，NP に属す任意の問題を効率よく解くことができることになる．

　この結果は熟考に値する．それはコンピューターサイエンスの理論の中で最も重要なアイデアへの鍵である．形式ばらずに言い直してみよう．任意の NP 完全問題は NP の任意の問題と同じ程度に困難なので，1 つの NP 完全問題を打ち破ればすべてを打ち破ることができる．もう少し形式的に言い直してみよう．NP の任意の問題が P に属すことを示せば，NP に属すすべてが P に属すこと，したがって P＝NP であることが示される．もう 1 つ別の言い方もできる．任意の 1 つの NP 完全の問題を効率よく解く方法を見つけることは，ある問題への解を簡単に**確認（検証）**さえできれば解を簡単に**見つける**こともできることを意味している．

　私たちは今，クックが彼の論文を発表した 1971 年の他のすべての人たちと同じところにいる．つまり 1 つの NP 完全問題，3-SAT のみを知っているのである．しかし，その状況は急速に，そして劇的に変わった．

10.9 さらに何千もの NP 完全問題

　クックが彼の定理を発表して NP 完全のアイデアを紹介した翌年，リチャード・カープは，3-SAT 以外の多くの興味深い古典的な問題もまた NP 完全であるということを，世間をあっと言わせたとまさしく評される論文で示した[11]．

　カープは次の観察を用いた．3-SAT を NP に属す別の問題（X としよう）に帰着できたと仮定しよう．すると，NP のすべての問題は 3-SAT に帰着するが，X にも帰着する – 多項式帰着の多項式帰着は多項式帰着である．したがって X もまた NP 完全である．これは，NP 完全として知られている 1 つの問題，たとえば 3-SAT，から始めることができることを意味する．3-SAT を X に帰着し（X が NP 完全であることを示している），それから X を Y に帰着し（Y が NP 完全であることを示している），これを続けて NP 完全問題の連鎖を生み出す．直感的には，X が少なくとも 3-SAT と同じくらい難しく，Y が少なくとも X と同じくらい難しければ，Y は少なくとも 3-SAT，したがって NP のすべてのものと同じくらい難しくなければならない．これらの問題の任意の 1 つを複数の他の NP 完全問題に帰着することによっ

て分岐することもでき，これで NP 完全問題の**木**と呼ばれるものを作る．クックの定理はこのプロセスの種を提供している．開始地点抜きではこの計画を実行できないのである（図 10.2 を参照）．

この 1972 年の論文で，カープはこの計画を正確に実行した．3-SAT（実際は 3-SAT の一般的な形）から開始して，一連の帰着で 21 のよく知られた，そして明らかに困難な問題が NP 完全であることを示した[12]．図 10.3 は彼の帰着の木を示している．図で分かるように，彼は前の章で石鹸膜との関係で扱ったシュタイナー問題が，ハミルトン閉路問題のいくつかの変種と共に NP 完全であることを示した．ここで水門は開かれ，素晴らしく多様な問題が NP 完全であることがまもなく示された．1979 年までには数百となり，Garey and Johnson（ゲイリーとジョンソン）(1979) にまとまっている．今日，それらは数千である．このような美しい統一が起こるのは

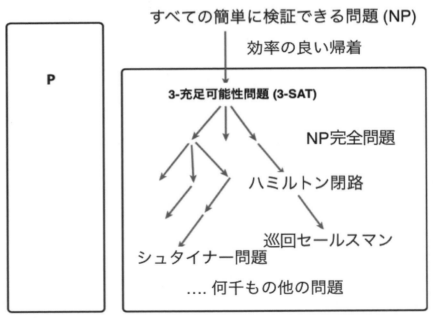

図 10.2 どのように NP 完全問題が定義され，どのように NP 完全性が証明されるか．NP に属す任意の問題の 3-SAT への帰着は，クックの定理であるが，一番上にある．すると，帰着の木は現在では NP 完全と知られている何千もの問題を生み出す．"簡単な"問題は P にあり，**任意の** NP 完全問題が P に属せば，それらは**すべて** P（= NP）に属す．繰り返すが，これは誰にも確証はない．

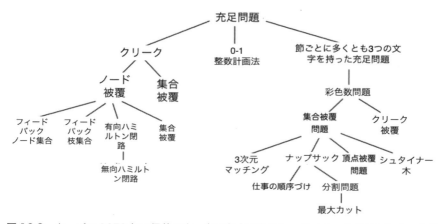

図 10.3 カープの 1972 年の帰着の木. 古い友人であるシュタイナー木だけでなく, ハミルトン閉路問題の変種にも気づかれたい (Karp (1972) の図 1 による).

どの分野でもまれであり, それはすべて多項式と指数関数の二分法にきわどくよっている.

このアイデアの力は強調に値する. これらの NP 完全問題の**任意の 1 つ**が多項式時間で解ければ, NP に属す**すべて**の問題も多項式時間で解ける. このことはあなたが考え得る離散的な性質を持ったほとんどすべての問題がそうであることを意味する. これらの数千の問題の任意の 1 つを解くことは, P = NP である (そして即座に名声を手に入れられる) ことを意味している. 多くの素晴らしく聡明な研究者が長年これらの NP 完全問題のいくつかを解こうとしてきたという事実は, P ≠ NP であること, さらに NP 完全問題が実際本質的に難しいことのとても強い根拠である. この理論は, なぜいくつかの問題が他のものよりはるかに難しいのかの理解に私たちを近づけるかもしれない.

もちろん, このすべての中で目立って欠けているのは, ほとんどすべてのコンピューターサイエンティストが正しいと信じているのにもかかわらず, 今まで誰も実際に P ≠ NP を**証明**できていないことである. 証明を見つけようという幾度にわたる試みは失敗してきた. しかし, NP 完全問題に対して効率のよい解を見つけるという試みも失敗してきた. コンピューターサイエンスの理論家は皆, あれやこれやで一方的に送りつけられる証明と称するものを定期的に受け取っている. これまで, すべての証

明は微妙さに差はあるが間違いであることが示されてきた．P＝NPの問いはとても基本的でなおかつ不可解なものであるので，図10.4に示されるように著者の所属する部署があるビルにまったく文字通り組み込まれた．

　今まで，今日の**計算**という語がほとんどいつも**デジタル計算**を意味しているのかの理由を説明しようとしてきた．私たちの世界は確実にデジタル技術で捉えられており，そして計算の限界を話すとき，デジタルコンピューターによる計算の限界をいつも意味している．しかし10.3節と第8章でいくつかのヒントを置いた．それらは，どういうわけかアナログの世界にもっと計算能力が隠されているかもしれないということである．次章をその可能性にささげよう．

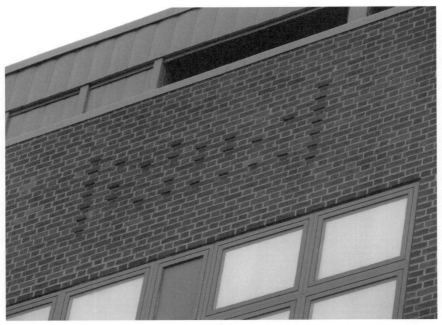

図10.4　壁のレンガ．コンピューターサイエンスにおける最も重要な未解決問題が，プリンストン大学のコンピューターサイエンス棟の西側の壁に符号化されている．これを解釈できるだろうか？（ネタバレは https://www.cs. princeton.edu/general/bricks を参照 ᵉ．2017年9月15日にアクセス．著者による撮影）

ᵉ 訳注：7ビットの ASCII コードでヘクサ表示で 50，3D，4E，50，3F であり，つまり "P=NP?" という文字列である．

第11章

魔法を探して

11.1 NP 完全問題へのアナログ的な攻撃

コンピューターサイエンス理論における理想化された世界でのデジタルコンピューターは，ほんの2つの資源しか持たない．それは時間と領域（ストレージ）である．通常，大規模で難しい問題で時間を使い果たすことは，他のすべてに優先される心配事である．理論的な点から見ると，デジタルコンピューターの最も簡単なモデルであるチューリングマシーンは，ストレージ媒体（テープ）において一時点で1箇所だけ位置を動くことができる読み書きヘッドを1つ持っている．したがって，使われたストレージは使われた時間を越えることはできない．今日の現実のコンピューターを考える限り，半世紀にわたる熱狂的なハードウェアの開発によって，メモリーは本当に安くなってきている．これらの理由で，チューリングマシーンを含めたデジタルコンピューターを議論する際，計算**時間**を使い果たすことが最も心配されているのである．

アナログコンピューターの場合には，他の多くのことがうまくいかなくなる可能性がある．たとえば，マシーンが指数関数的な量のエネルギーを使うかもしれないこと，その質量あるいは大きさが指数関数的に増加するかもしれないこと，ある部品が過度のストレスで故障するかもしれないこと，そして絶縁体が過度の電圧で壊れるかもしれないことなどさまざまである．したがって，アナログコンピューターを評価する際には，計算時間だけではなく，問題の大きさ，つまり時間，領域，エネルギー，質量，材料の強度などが増加するにつれて，**任意の資源の使用量が非実用的に大きくなる可能性**についても考えなくてはならない．いくつかの特定のアナログ機械を調べる際に，このことを胸に留めておこう．

シュタイナー問題に対する石鹸膜

シュタイナー問題と石鹸膜を使ったその解法を再訪しよう．アナログコンピューターの破綻を確定的にするもう１つの難題が思い出される．第８章で見たように，ワイヤーフレームを単に石鹸の溶液の中に浸すだけで，NP完全であるシュタイナー問題を解くことができるように最初は見えた．しかしその問題の何かが反撃してくるのである．多くの可能な構成が**局所的な**解で，必ずしも**大局的な**解ではないという事実がこのアイデアを台無しにしている．なぜかこの問題は"本質的に難しい"と呼んだものであるが，一方で多くの局所解を持ち，他方でNP完全であるという，一見して２つの異なる方法でその難しさを表しているのはとても神秘的である．神様は，どんなに巧妙な仕掛けを生み出しても私たちがシュタイナー問題，そして他のすべてのNP完全問題に効率のよい解を決して見つけられないと言おうとしているという感情を持つかもしれない．おそらくこれは影響をもたらす基本的な物理法則が働いているということの別の言い方である．このような考えに後ほど戻ってこよう．

電子的な分割問題機械

この現象のもう１つ別の例として，分割問題（PARTITION）[1]と呼ばれるNP完全問題を考えよう．いつものように，この問題の記述は一見単純である．合計がある数 N である正の整数のリストが与えられている．このときこれを，どちらの合計も $N/2$ になるように２つの部分集合に分割できるかどうかを決めなければならない．たとえば，集合 {8, 3, 16, 9, 21, 12, 3} が与えられれば，答えは yes である[2]．

アナログ機械が分割問題を解くという提案は，複数の信号を一緒に掛け合わせることで元の信号における周波数のあらゆる和や差である新しい周波数を生み出すという事実に基づいている[3]．もう少し専門的な用語を使えばより正確になる．ここでは**シヌソイド**[a]（**正弦曲線**，*sinusoid*）という用語を，単一の周波数での単一の正弦波または余弦波，純音[b]を意味するものとして使おう．同じ周波数のシヌソイドの和や差は，たとえ１つのシヌソイドが他のものに対してずれていても，またその周波数の

---

[a] 訳注：sinusoid は正弦波とも言う．実際，開始時点で 0 のサイン曲線（正弦波）と 1 のコサイン曲線（余弦波）は，どちらも正弦曲線（sinusoidal curve）である．
[b] 訳注：倍音を一切含まない音のこと．

シヌソイドである．ここで，周波数が f_1 と f_2 の 2 つのシヌソイドを掛け合わせると，周波数 f_1+f_2 と f_1-f_2 を含むある信号を得る[c]．このプロセスは，**ミキシング**(mixing) あるいは**ヘテロダイニング**（heterodyning）と呼ばれ，放送局をより簡単に正確に合わせることができるように，ほとんどのラジオやテレビの受信機で信号の周波数をずらすのに使われている．アマチュア無線通信の愛好家はこの技術をとてもよく理解しており，彼らの送受信器にうまく使っている．

より多くの信号で続けよう．3 つの信号 f_1, f_2, f_3 を掛け合わせると，周波数 $f_1+f_2+f_3$, $f_1+f_2-f_3$, $f_1-f_2+f_3$, $f_1-f_2-f_3$ を生み出す．ここで起こっていることに気をつけてほしい．シヌソイドを追加のシヌソイドで掛け合わせるたびに信号中の周波数の数が倍になり，任意の時点で使用している周波数のあらゆる和と差を生み出しているのである．分割問題の事例の整数である周波数でこれを行えば，結果として得られるすべての周波数の中で，正負の寄与が相殺されるように周波数を足したり引いたりできるときに，そしてそのときに限り，周波数ゼロが得られる．これは，まさに分割問題の yes 事例に対応する状況である．

第 8 章で議論したように，従来の汎用電子アナログコンピューターは積分，つまり平均の操作に基づいている．そのような機械は現在，実用においては廃れているが，もし作成すれば分割問題を解くのにそれを使うことができるだろう．まず，与えられた周波数のシヌソイドを生成するのは，2 段階の積分の出力をその入力にフィードバックするという，シヌソイドの信号を作成するのに用いられるとても標準的な構成を用いればたやすい．このことは，シヌソイドを 2 回積分すればそれ自身の倍数に戻るという数学的な事実によるものであり，フィードバックループによってこの関係が強化される．次に，必要な周波数（f_1, f_2, f_3 など）を持ったシヌソイドを生成するのは，もともとのシヌソイドをそれ自身で掛ければ簡単である．これは特別なアナログ乗算器でできるが，加算器によって乗算を実行することも可能である[4]．したがって，分割問題の入力データに対応した周波数を持つすべてのシヌソイドを一緒に掛け合わせることができ，S, あるいは時間と共に変化する波形なので，$S(t)$ と呼ぶ出力波形を作り出せる．

---

[c] 訳注：$(\sin\alpha)\times(\sin\beta)=-(1/2)\{\sin(\alpha+\beta+90)-\sin(\alpha-\beta+90)\}$ に注意．

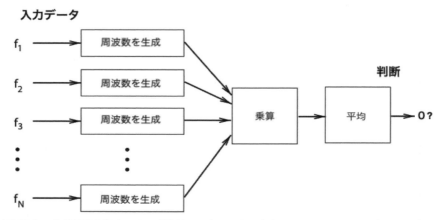

図 11.1 分割問題を解くアナログ機械. 入力データは左側から入り, そして対応する周波数が作られ, 一緒に掛け合わせられる. その結果の平均をとり, その結果が 0 なら分割問題への答えは no で, そうでないなら yes である. なぜこれが実用上は動かないのだろうか?[d]

　上で述べたように, 私たちが扱っている特定の分割問題の事例に対する答えは, 信号 $S(t)$ が周波数ゼロを含めば yes で, そうでなければ no である. 周波数ゼロのシヌソイドは特別である. なぜならそれは**定数**であり, 他方, 他のすべての周波数のシヌソイドは振動する. したがって, 周波数ゼロを持つシヌソイドの平均はある定数であり, ゼロではない. しかし, どの他の周波数のシヌソイドもその 1 周期, もしくは数周期にわたって平均すると, その結果はゼロになる. なぜなら上昇と下降が相殺されるからである. したがって, 周波数ゼロが $S(t)$ に存在するかどうか, そしてそれ故に分割問題のその事例が yes であるかどうかを, 最も低い周波数のいくつかの周期にわたってその平均をとり, その平均値がゼロかゼロでないかを見ることによって決めることができる. この機械の略図は図 11.1 に示されている.

　このアナログ機械は何か故障することなしに NP 完全問題である分割問題を解くのだろうか?　実際, 何がうまくいかないかを直観的に見るのはそんなに難しいことではない. ヒントは, 生成された周波数を掛け合わせると「使用している周波数のあらゆる和と差」が得られるという上述の文に示されている. したがって, **指数関数的な**

---

[d] 訳注:平均が 0 ということはいろいろ作り出されたもので周波数がゼロのもの (つまり定数のもの) がなかったということ. したがって分割問題の解がなかったということに注意.

数の周波数が存在し，それらは足されて指数関数的に大きな信号を生成することができるが，一方でシヌソイドの積は 1 より大きくは決してならない．実際，数学ではシヌソイドを掛けるときはいつも 2 で割る必要があることを示しており，最終的にはゼロと指数関数的に小さい何かを区別することになる．これは，世界に不可避的に存在するノイズのために，出力信号を指数関数的に長い時間積分することが要求される．こうして，この機械は 2 つの昔ながらの敵である指数関数的成長とノイズによって窮地に立たされるのである．

3-SAT のための歯車の機械

　NP 完全問題をアナログ的に攻略する 3 番目の例として，アンティキティラ島の機械の直系の子孫を考えたい．これはアナスタシオス・ヴェルジスの貢献のおかげである [5]．それは 3-SAT を解くことが意図されており，シャフトが特定の位置を超えて回転するのを防ぐための滑らかなカムとリミットストップを備えた歯車の構成からなっている．この機械の組み立てには多項式量の材料しか必要としない．3-SAT 事例の節についての情報は，歯車による連結を通した機械の構成に符号化されており，クランクハンドルを持った特別のシャフトが 1 つある．クランクハンドルを押してそれが動けばもともとの 3-SAT 事例の答えは yes で，動かなければ答えは no である．

　特定の 3-SAT 問題からそのような歯車の機械をどのように作成するかの詳細は，少し大変なのでここでは扱わない．しかし，その機械がどのように働くのかを見なくても非常に疑わしいという理由をたくさん挙げてきた．多分，何かがうまくいかないだろう．このような機械装置が多項式量の資源を使い，NP 完全である 3-SAT 問題を解くことがなぜできないのだろうか？　正確には何がうまくいかないのだろうか？　フランク・リーはこの 3-SAT 機械を解析する修士論文を書き [6]，マイケル・メインはその機械の従来型の電子アナログコンピューター版を設計した [7]．リーやメインの解析はまったくなるほどと思わせるもので，その機械の効率的な動作と称するものについて，いくつかの非常に合理的な疑念を挙げているにもかかわらず，2 人とも決定的な壊滅 [e] を提供してはいないと言ってもよいと思われる．事実，この異論の多さが

---

[e] 訳注：その機械が効率的に動かないという決定的な論拠を挙げられていないという意．

私を躊躇させているのである．Vergis et al.（ヴェルジスら）（1986）の著者は慎重にその質問を未解答とした．30年経っても私個人としてはまだ 3-SAT に対する歯車の機械で何がうまくいかないのか正確に分かっていない．しかし，上述の理由で，基本的に何かうまくいかないものが**ある**ことは，今なお一層確かである．

多くの他のアナログ機械が NP 完全問題を解くために提唱されてきた．再びスコット・アーロンソンのレビュー[8]を，少なくとも技術的にもっと進んだ読者に勧める．興味がある読者は，他の NP 完全問題を解く機械の提案を集めてその正体を暴くというのが面白い娯楽だと分かるかもしれない．たとえば，Oltean（2008）はハミルトンパス問題（ハミルトン閉路問題のちょっとした変種で，これも NP 完全である）を解く機械を提案している．それは光ケーブルを通した光の伝播に基づいている．さらにもっと複雑で挑戦的な例は，Traversa et al.（2015）に記述されている部分和問題（SUBSET SUM；分割問題の変種でこれも NP 完全である）を解く機械である．"Memcomputing NP-complete problems in polynomial time using polynomial resources and collective states"（「多項式量の資源と集団の状態を用いた NP 完全問題の多項式時間メムコンピューティング」）という論文の題から判断すると，著者たちは明らかにこの機械はより大きな問題にスケールアップするという意味でうまく動くと信じている．今では私がどこに賭けるのか，皆さん分かっているだろう[9]．

11.2 まだ見つかっていない法則

大いに異なる物理的原理に基づいたアナログ機械がすべて，NP 完全問題を解くことに失敗していることを見てきたが，注目すべきはそれらが明らかに非常に違った理由で失敗していることである．シュタイナー問題に対する石鹸膜コンピューターは，局所最小解が手に余るほど多いことによって失敗し，分割問題に対する積分方式の機械は，ノイズが原因で失敗する．3-SAT に対する歯車の機械は，機械加工の精度や歯車のつながりを通した力の伝達に関連する機械的な難しさによって失敗するようだ．そのような異なった実装で，違った種類の実用上の難しさが持続してあるということは，基本的な物理法則が働いていることを示唆している．Lee（リー）（1999）は，

この状況は永久機関に対する絶えることのない提案に似ていると指摘している．永久機関は今日では熱力学の第一法則か第二法則に違反しているので即座に却下される．いつの日か米国の特許庁がNP完全問題を解くアナログ機械の提案を自動的に却下するとすれば，どの物理法則が却下の定型書状に書かれるのだろうか？

　私たちが探している基本的な法則は，P ≠ NPではありえないことに注意されたい．なぜなら，結局のところそれは数学的な予想であり，物理的な世界に関して直接的には何も言うことができないからである．その法則をピンポイントで指摘するために，私たちの招聘物理学者であるリチャード・ファインマンだけでなく，アラン・チューリング，そしてたまたまチューリングの指導教官だったアロンゾ・チャーチに再び戻ろう．間違いなく名高い顧問委員会である．

11.3　チャーチ＝チューリングのテーゼ

　Turing（1936）では，架空の機械についての単純で具体的な記述が考案された．それは当然，現在，**チューリングマシーン**と呼んでいるもので，計算の性質に関する基本的な問いを研究するためのものである．彼はどの数が機械によって書き出され得るかに興味があった．復習すると，チューリングマシーンは（必要である限り長い）テープの形のメモリー，（有限個のアルファベットからなる）記号をテープから読んだりテープに書いたりするヘッド，そしてマシーンの状態を見てヘッドが何をするのかを制御する固定のストアードプログラムを持っている．チューリングは1ステップごとの計算の概念をとてもうまくつかんでおり，多項式的な等価性のもとに，チューリングマシーンは理論家にとって，今日でもいまだに象徴的なデジタルコンピューターである．同じ頃，アロンゾ・チャーチは**ラムダ計算**（*lambda calculus*）と呼ばれる記号操作の体系を用いて，コンピューターと同値の定義であると判明したものを発表した．

　チューリングやチャーチだけではなくクルト・ゲーデル，スティーヴン・クリーネ，エミール・ポスト，J. バークリー・ロッサーなどといった人々の貢献との相互関係は複雑であり，科学史家に委ねるのが一番いいだろう．幸いにも，私たちにとって必要なのは，「計算機械」というようなものが存在するというたった1つの単純な（振

り返ってみると！）アイデアのみである．Turing（1936）では，「コンピューター」は，明確な有限集合の命令に従う人間あるいはオートマトンが鉛筆で記号を書き出すものとして思い描かれた．その論文の最初の段落で，"私の定義によれば，その 10 進数を機械によって書き出すことができれば，その数は計算可能である"と述べている．とても興味深く，多分驚くべきことは，そのように書き下せない数があるということである．大まかに言えば，その証明は次の一文で簡単に言い換えることができる．すべてのチューリングマシーン（各々は 1 つの数を書き出すようにプログラムされている）を次々に数え上げることは可能であるが，すべての可能性のある数を数え上げることはできないのである [10]．

チャーチ＝チューリングのテーゼ（*Church-Turing thesis*）は，1930 年代の論理学の基礎研究の爆発的な進展から産み出されたものである．それは証明ないしは反証されるかもしれない数学的言明ではなく，むしろ非公式に表現された前提であり仮説である．それは物理学に関する言明なので証明はできない [11]．このテーゼは前の章で与えられた**チューリング等価**の概念を使っており，次のように述べている．**合理的なコンピューターはどれもチューリング等価である**．すなわち，いかなる合理的なコンピューターもチューリングマシーンをシミュレーションできる．Yao（ヤオ）（2013）ではこのように述べている．「チャーチ＝チューリングのテーゼ（CT）は，標準的なチューリングマシーンのモデルの中に計算可能性に関する最も一般的な概念を見つけたという信念である．」

私たちは確かにアナログコンピューターを"合理的"だと見なすことができ，このことは，私たちを再び「アナログ機械とデジタル機械の相対的な長所」という中心的な論点に，立ち返らせるのである．まず，チューリングマシーンは本質的にデジタルであり，操作に許された記号の数は有限個でしかないが，一方でアナログコンピューターは連続量を扱うことができるという事実が心配になるかもしれない．しかし，それは現実には計算能力を測るのに問題ではない．アナログコンピューターを与えられた問題に対して yes/no の答えしか返さない装置として見れば，すべてのアナログコンピューターをチューリングマシーンと直接比較することができる．チャーチ＝チューリングのテーゼはそれよりももっと深く，長年にわたって少人数の哲学者の参加をうながしてきた [12]．

11.4 拡張されたチャーチ＝チューリングのテーゼ

チャーチ＝チューリングのテーゼは，どのコンピューター[f]でもシミュレーションでき，またその逆もできるチューリングマシーンの存在を仮定しているが，**効率性**については何も言っていない．1970 年代，計算の理論は多項式と指数関数の二分法を考慮した上で研ぎ澄まされた．そして，チャーチ＝チューリングのテーゼもそれに相応して研ぎ澄まされたが，それは今では**拡張されたチャーチ＝チューリングのテーゼ** (*extended Church-Turing thesis*) と呼ばれている[13]．私の知る限り，その正確な由来はやや曖昧であるが，自分で物事を解決することで知られたリチャード・ファインマンは，論文（Feynman（1982））の中で 1 つの説を述べた．

> 私が欲しいシミュレーションの規則は，大きな物理システムをシミュレーションするのに必要なコンピューターの素子数が物理システムの時空間量にのみ比例するというものである．爆発は望まない．… 領域と時間の量を 2 倍にしていったときに指数関数的により大きなコンピューターが必要ならば，これは規則に反すると考える．

Vergis et al.（1986）で提唱されたように，ファインマンは "比例する" の代わりに "時空間量の多項式で" を意味したようだ（あるいは意味したに違いない）．それから，拡張されたチャーチ＝チューリングのテーゼの言明は，第 10 章の用語を使えば次のようになる．**どんな合理的なコンピューターも多項式的にチューリング等価である．**

拡張されたチャーチ＝チューリングのテーゼは，シミュレーションの時間を多項式時間に制限することによって，NP 完全問題についてとても興味深いことを導いてくれる．NP 完全問題を多項式時間で実際に解くアナログコンピューターを構築できたとしよう．すると，拡張されたチャーチ＝チューリングのテーゼによって，そのアナ

---

[f] 訳注：「どの合理的コンピューターでも」の意．「合理的」については後述される．

ログ機械は，チューリングマシーンを**多項式時間**でシミュレーションでき，それから
そのチューリングマシーンは NP 完全問題（したがってすべての NP 完全問題）を多
項式時間で解くことになる．それは P = NP を意味することになるが，これはこの
時点で，ほとんどのコンピューターサイエンティストは間違いだと信じているもので
ある．何かがこの推論の連鎖に与えられなければならない．そのコンセンサスは，P
≠ NP であるとても強力な証拠に，拡張されたチャーチ＝チューリングのテーゼに対
する強力だが多分それほどすごく強くはない証拠がそれに加えて与えられれば，NP
完全問題を効率的に解くことのできるアナログコンピューターは存在しないというこ
とである．どうも私たちは袋小路に達したようだ．アナログ機械で NP 完全問題を効
率よく解こうとするのは，無駄な試みに終わるようだ．

しかし，絶対的な行き止まりに達したわけではない．探索すべき新しい道が上述の
同じファインマンの論文で開かれたのである．

11.5 局所性：アインシュタインからベルへ

第8章の最初にアナログコンピューターの議論から量子力学を除いたことを思い
起こしてほしい．ここで量子力学的な機械を許せば，すべての賭けは白紙に戻る．こ
こでは大まかに，量子計算の分野に火をつけたものとして有名となった論文である
Feynman（1982）の議論を概観しよう．もともとは学会での基調講演で，ほんの
少しの予備知識でもとても読みやすいものである．

ファインマンは特定の量子力学の実験をシミュレーションできる古典的な非量子コ
ンピューターが存在するかどうかという質問を提示した．彼はそのコンピューターの
性質についていくつかを要求した．それらのうちの2つは私たちにとって重要である．
1つ目は，ランダムな決定をする能力を彼のコンピューターに持たせていることであ
り，これはまだ考慮していない特徴である．彼がシミュレーションしようとした量子
力学は本質的に確率的である．すなわち，一般に，実験結果は事前に決定せず，あり
得る結果の集合から，理論で与えられる確率でランダムに選ばれる．これは，アルベ
ルト・アインシュタインを非常に不快にしたと伝えられている量子力学の特徴であり，
"神はサイコロを振らない（*God doesn't play dice with the world*）"という彼の言説

はしばしば引用される．ファインマンはコンピューターで量子力学をシミュレーショ
ンすることを考えることで形勢を逆転している．そして，シミュレーションするコン
ピューターがコインを投げることを許すよう**要求している**．チューリングマシーンの
確率版は，実際，コンピューターサイエンティストが標準的な（非量子）コンピュー
ター（すなわちポケットに入っていたり机の上にあったりする現実の実用的なコンピ
ューター）として見なしているものとして受け入れているモデルになってきた．確率
的チューリングマシーンについて何も疑わしいことはないし，拡張されたチャーチ＝
チューリングのテーゼの言明において確率的チューリングマシーンを許容することは
完全に受け入れられている．私たちは擬似乱数の生成源で現実のコンピューターにラ
ンダム性の特徴を組み込むことができるだろう．擬似乱数はあるとても複雑で予測不
可能なプログラムによって生成されるだろう．あるいは，純正主義者向けには，当然
原子核の放射性崩壊のような量子力学的プロセスから究極的に手に入れられる本物の
ランダム性の生成源で組み込むことができるだろう[14]．仮想のコンピューターがコイ
ンを投げることを許そう．

　ファインマンが彼のコンピューターに課した２つ目の重要な要求は問題の核心で
ある．彼はコンピューターが**局所的に相互につながっていること**を要求している[g]．
彼の言葉では"全体にわたって任意に相互につながっている非常に巨大なコンピュー
ターを考えたくはない."これは，ある点における物理現象のシミュレーションを行
う際，コンピューターはその点の近くにある情報しか使えないことを意味している．
これはどんな欲しい情報でも格納できるチューリングマシーンに適用できる制限では
ないことに注意されたい．それは構わない．ファインマンはおのれの道を行き，彼に
とっての合理的なコンピューターを表現するこの絵を用い，最も刺激的な提案を導い
た．

　ファインマンの局所的にしか連結していないコンピューターは量子力学をシミュレ
ーションするのに失敗する．そして，彼の結論は，実は J.S. Bell（J.S. ベル）(1964)
にならって**ベルの定理**と呼ばれる有名な結果の１つの変形である．この定理は**ベル
の不等式**と呼ばれる不等式を確立し，それは局所的に得られる情報のみを用いるどの

---

[g] 訳注：局所的にしか相互につながっていない，すなわち全体として相互につながっている必要はないの意．

図 11.2 量子力学がベルの不等式を破り，そのため量子力学が，局所的な情報しか使わないコンピューターによっては，シミュレーションできないことを示すのに使われる仮想実験．中央の原子は 2 個のもつれ合った光子を放出し，偏光の測定は左右の遠く分離された場所で行われる（Feynman（1982），図 4 による）．

計算に対しても成立しなければならない．するとある仮想実験は量子力学がベルの不等式を満たさないことを示し，したがってこのことは局所的にしか連結していないコンピューターは量子力学をシミュレーションできないことを証明しているのである [15]．

　ファインマンによって使われた特別の思考実験は光子と方解石の結晶を用いているが，他にも同じように動くシステムが多くある [16]．図 11.2 に示すように，逆向きの方向に同時に 2 つの光子を放出する原子をもって始めよう．たとえば，これは水素原子がエネルギーを失うときに起こり得る．光子は偏光を持っており，それは進行方向に垂直な平面上で回転する矢印として可視化することができる．この図をあまりに文字通りに受け取ってはいけないが，光子はその進行方向に対して直角に回転する電場と磁場を持つ波と考えることができるので，電磁気学理論に基礎を確かに持っている．すると，2 つの光子は物理学の基本法則（角運動量保存の法則）によって反対の方向にスピンしなければならないことが分かる．

　量子力学では，2 つの光子を別々に考えることができないし，その対は一緒にアインシュタイン，ポドルスキー，ローゼンによるとても有名な論文にならって，**EPR 対**（*EPR pair*）と呼ばれる [17]．J.S. Bell（1964）の論文は，実際 Einstein et al.（アインシュタインら）（1935）で提起された量子力学の明らかな非局所性に対する異議への回答であった．2 つの光子は，それらの間の複雑な関係によって**もつれ合っている**（*entangled*）と言われる．詳細には触れないが，図 11.2 に示すように，方解石の結晶を使って，遠く離れた後で 2 つの光子の偏光を測定することによってベルの不等式が得られる．1 つの光子に関するいかなる情報も，もう 1 つの光子に自然の速度の

限界，つまり光速を超えて伝わらないように，2つの光子は十分に離れていなければならない．これはファインマンの局所的に連結した条件の起源である．ファインマンのバージョンでは，ベルの不等式によれば，特定の測定値セットの結果はどのような場合でも決して 2/3 より大きくはなることはない[h]．一方で，量子力学はその結果は 3/4 であると予測している．ファインマンが述べるように，"それがすべてである．それが難しさである．それが量子力学を局所的な古典コンピューターでは模倣できるように見えない理由である．"

上で述べたように，**局所性**の問いはこの推論の中心である．実際，その問いがきっかけとなり，"現実"の不完全な記述と考えられるものを完全にするために，量子力学に追加され得る，そして追加されるべき "隠れた変数" があるかどうかに関して，さらなるかなりの研究が行われるようになった[18]．それはアインシュタイン，ポドルスキー，ローゼンを悩ませ，そしてベルによって避けられないことが示された量子力学の非局所性であった．しかし，量子力学の非局所性に対する不安は高いにもかかわらず，誰もいまだにその法則に論理的矛盾を見つけ出してはいない．それにもかかわらず，どういうわけか，彼らは可能な限り矛盾に近づいているように見える．そしてもちろん，今まで量子力学はとてもうまくいっているのである．

ここで，ファインマンは遠大な重要性を持っている助言を行っている："自然は古典的ではない．くそっ．自然をシミュレーションしたいなら量子力学的にやるんだな．"ここで，量子力学を使うどのコンピューターも**量子コンピューター**と呼ぼう．

11.6 量子のカーテンの裏側で

かなり多くの天才たちの助けによって，私たちはとても興味深い次の問いにたどり着いている．量子コンピューターで効率よく計算できる有用なもので，日常の古典的機械の力が及ばないものはあるだろうか？ 何人かの天才たちがその問いが正しいと答えた．

最初のステップは，どれほど簡単なものであっても，量子コンピューターが任意の

---

[h] 訳注：Feynman（1982），p.485.

古典的コンピューターに対して明確なスピードアップをもたらす特定の計算タスクが存在することを示すことだった．Deutsch and Jozsa（ドイチュとジョザ）（1992）は正確にこれを行った．そしてその結果は見たところ自明であるにもかかわらず，量子コンピューターがいくつかの決定的に重要な問題を解くための鍵になることを強く示唆している．Preskill（プレスキル）（1998）は，ドイチュとジョザのすでに極端に簡単である問題の，極端に簡単な場合を記述した．ここではそれを次に示そう．

たとえば X と呼ばれるブラックボックスが与えられているとしよう．それは 1 つの入力と 1 つの出力を持っている．各入力と出力は 0 か 1 かのいずれかである．X の中を覗くことは許されていないし，それがどのように働くのかは何も知らない[19]．さらに，X は何をするにしても終わらせるのに長い時間，たとえば 1 年かかるとしよう．

今，その入力が 0 のときと 1 のときで X の出力が同じか異なるのかを決定することが尋ねられている．古典物理学の世界，すなわち通常の経験の世界では，2 つの出力が同じかどうかを決定する唯一の方法は，最初に入力として 0 を入れ 1 年待ち，次に 1 を入れ 1 年待ち，そして 2 つの結果を比較することである．私たちはここでただ 1 つのブラックボックスしか持たないと仮定しているので，2 つの X の試行を並行にはできない．すると答えを得るのに 2 年間かかり，それ以外の方法はなさそうである．

量子コンピューターがドイチュの問いに 2 年ではなく 1 年で答えることができるということには，私が驚かされたようにあなたも驚かされるかもしれない．この方法は量子力学の基本的な構造と量子力学の観測の性質によっており，真実を過度に脅かすことなくこのトリックについてのいくつかの直感を提供してみたい．

量子力学はカーテンの向こうで，むしろ秘密裡に働くと言ってよい．より数学用語を使えば，それは抽象空間，すなわち観測しない限り私たちが利用できない空間で働く．簡単で具体的な例を挙げると，光子は，バルブやトランジスターができるように 2 値（バイナリー）の状態に置くことができる．たとえば，これらは光子の**偏光** — その電磁波が回転している向き — に対応できる．それらは慣例で $|0\rangle$ と $|1\rangle$ と呼ばれる[20]．これらの状態は通常の古典的な状態 0 と 1 とはいろいろな意味で異なっている．最も重要なのは，光子がどちらかの状態である必要はなく，一度に両方の状

態（一部 $|0\rangle$ と一部 $|1\rangle$）を取ることができる点である．そのような状態は**重ね合わせ状態** (*superposition state*) と呼ばれる．1935 年に，エルヴィン・シュレディンガーは，量子力学の解釈に挑戦するために，1 匹の猫が状態 $|$**生きている**$\rangle$ と $|$**死んでいる**$\rangle$ の重ね合わせ状態に置かれているという思考実験を考案した．シュレディンガーの猫は，今ではこう呼ばれているが，それ以来生きても死んでもいないのである．

重ね合わせは私たちの日常の経験にはない，量子のカーテンの裏の抽象空間で起こっている．カーテンの後ろから情報を手に入れることができるのが**観測** (*measurement*) のプロセスである．量子力学における観測は独特で，一時に状態が 1 つ以上であることと同じくらい独特である．たとえば，状態 $|0\rangle$ と $|1\rangle$ が同じ割合で重ね合わさった光子の偏光を観測しようとすれば，その結果は古典的な数字である 0 か 1 である．しかし，それはアインシュタインをひどく悩ませたサイコロを振ることによってもたらされるだろう．実際，観測の結果は $|0\rangle$ が半分の時間で $|1\rangle$ が半分の時間であるだろう．さらに，観測の**後**で，光子はその特定の観測の結果に対応した"純粋な"状態であり，$|0\rangle$ か $|1\rangle$ のどちらかだろう．このとき，これを光子の状態が**収縮** (*collapse*) したという．

ここで，私たちはドイチュの問題を一発で解く量子コンピューターの背後にあるトリックを記述することができる．もちろん，神秘的な情報処理がカーテンの裏では起こっている．量子コンピューターはブラックボックス X を組み込み，もともとの古典的な入力 0 と 1 から形成された $|0\rangle$ と $|1\rangle$ の重ね合わせに作用するように組み立てられている．鍵は，量子コンピューターが重ね合わせ状態に作用する際に，その入力の $|0\rangle$ の部分と $|1\rangle$ の部分の両方を**同時に**処理することである．このちょっとした魔術は**量子並列性**と呼ばれる．ドイチュの問いに対する答えは注意深く設計された観測によって引き出される[21]．Deutsch and Jozsa (1992) に記述されている問題は，実際はもっと一般的な問題を扱っている．この問題は N ビットを扱い，カーテンの裏の対応する抽象空間がとても高次元，それも指数関数的に高次元な空間を扱っている．これがどのように生じたのかを見るために，2 つの光子があって，各光子が状態 $|0\rangle$ か $|1\rangle$，またはそれらの組み合わせをとるとしよう．この場合，カーテンの裏側での抽象的な状態は，**4 つの可能性**（**基底**と呼ばれる）をもった重ね合わせ状態である．その 4 つとは $|00\rangle$，$|01\rangle$，$|10\rangle$，および $|11\rangle$ であり，2 つの光子の

純粋な状態の 4 つの可能性に対応している．3 つの光子があれば，各スロットに 2 つの可能性があるので，8 つのそのような可能性，$|000\rangle$，$|001\rangle$，$|011\rangle$ などとなる．それは全部で 2^N 個ある．そのため 100 個の光子では，空間は 2^{100}（大体 10^{30}）の次元を持ち，計算に使えるように見える，驚くほど大量の並列性を持つ．確かに荒い筆使いで書かれたこの図柄は，本質的に量子コンピューティングがどのように動くのかを示している．これがどれほどまで推し進められるのかというとても興味深い問いに到達している．

▊11.7▊ 量子ハッキング

　世界を量子力学的にした神はサイコロを振るだけではなく，コンピューターサイエンス科学者の観点から言えば，与えそして奪う．神は量子並列性でもって希望を与える．しかし，神が奪うものはその観測のプロセスでもってである．量子コンピューターで達成できることは，カーテンの向こうの抽象空間からどれほどの情報をうまく手に入れられるかによっている．

　量子のカーテンの向こう側の空間はとても高次元であること，それも**指数関数的に**高次元であることを見てきた．これは（カーテンの向こう側で）一度に指数関数的な数の状態を操作できることを意味しており，NP 完全問題を多項式時間で解くためにこの量子並列性を使うことができるかもしれないことを示唆している．たとえば，巡回セールスマン問題のすべての可能な巡回路を同時に調査し，そして巧妙に設計された観測によってカーテンの向こう側から解を引き出すことができるかもしれない．

　この方向のブレークスルーは 1994 年に起きた．ピーター・ショアが暗号化の最良の方法の核心である問題に対して驚くべき量子アルゴリズムを発表したのである．それによってアルゴリズムとしてこの上ない注目を浴びた[22]．この時点で，量子計算は魅力的な理論的可能性から，私たちの国家，企業，そして個人のセキュリティーにとって突然重要な分野全体になったのである．

　公開鍵暗号に広く使われている RSA アルゴリズムは，2 つの大きな素数の積を素因数分解することが明らかに難しいことに基づいている[23]．古典的な（非量子力学的な）コンピューター上でこの問題に対して最もよく知られているアルゴリズムは指数

関数的であり，証明されていないにもかかわらず，この問題が多項式時間で解ける古典的なアルゴリズムは存在しないと広く信じられている．また，これも証明されていないにもかかわらず，NP 完全問題のクラスの外側にあるとも信じられている．ショアの（量子）アルゴリズムの驚くべきところは，それが多項式時間であることである！ したがって，量子コンピューターは RSA 暗号を破ることができ[i]，当然のことながら，現在政府機関は量子コンピューターの構築に惜しげもなく資金を投入している．それ以上に，その仕事は発達して，コンピューターサイエンスにとっても物理学にとっても重要な**量子情報科学**と呼ばれる新しい豊穣な分野となってきたのである．

11.8 量子コンピューターの力

前に述べたように，2 つの大きな素数の積を素因数分解することは古典的機械には**難しそうに見える**が，量子コンピューターで多項式時間で行うことは確実に可能である．このことは，量子コンピューターが NP 完全問題を多項式時間で解けるかもしれないことを即座に示唆し，そして量子コンピューターが私たちを計算の約束の地へ運ぶことを意味するだろう．なぜなら P ≠ NP であること，したがって NP 完全問題は古典的機械にとって真に困難であることが広く信じられているからである．

この特別な幻想を打ち砕く前に "難しそうだ" や "広く信じられている" などの言い回しをはっきり説明する必要がある．それらはコンピューターサイエンス，そして一般に科学において，主張が厳密には証明されていないがその証拠が積み上がっているときに使われる．その証拠の性質は個々の分野によっている．たとえば，多くの賢明なコンピューターサイエンティストや時に野心に満ちた大学院生は，長きにわたって，何千もの NP 完全問題のどれか 1 つに対して効率的な（古典的）アルゴリズムを見つけて，富と名声を得ようとしてきた．また P = NP という問いがある意味深淵であることには，ある種のブラックボックス（オラクル，神託）を用いることに基づいた理論的な証拠もある．そのオラクルの結果は，私たちの期待する P ≠ NP と

---

[i] 訳注：多項式時間で破ることができる，したがって，現実的な時間で破ることができるの意．

いう結果をも指し示している[24]. 積み重ねられた証拠の高さは今では，ほとんどのコンピューターサイエンティストが$P \neq NP$であると確信するのに十分である．しかし，最も深く尊敬されている研究者の中に，たとえ微かでもドアが開いたままであるという事実を強調し続けている者がいるのもまた事実である．私たちは科学が驚きに満ちていることをつねに思い出すべきである．

　量子コンピューターの見込みに戻ると，古典的コンピューターをある問題群では明白に凌駕している一方で，NP の問題すべては解けないだろうという証拠も増えている[25]. 量子並列性自身は健在であるが，明らかに，**最も困難**と思われる問題を解くのに，その答えを十分に巧妙な仕掛けを持った観測で抜き出すことができないのである．

11.9　生命自身

　生命体はアナログとデジタルの両表現を使い，さまざまな方法で情報を処理している．1つの例として，私たちの代謝率は，アナログ信号を使った制御システムである脳下垂体で生成されるホルモンによって制御されている．もう1つの例として，分子生物学のセントラルドグマはDNAからメッセンジャーRNA，そしてタンパク質への情報の伝達を記述しているが，それはすべて厳密にデジタルである[26]. 認識可能なコンピューターに最も近い生命体である脳は，情報をデジタルとアナログの両方で処理している．

　そしてついに私たちは私たち自身に到達するが，このまま続ける前にいつもの宿題にざっと目を通すべきである．問題：脳が少なくともチューリングマシーンと同じくらい強力であることを示せ．答え：図 11.3 はニューロンのスケッチである．ニューロンは脳での情報処理を司っている細胞の型である．つまり脳の"トランジスター"である．それは入力信号を受け取り，出力信号を生成する．細かな点ではいろいろあり，ニューロンの型ごとに大きく違っている．重要なのは，信号が興奮性と抑制性の2つの型のシナプスに現れることである．前者はニューロンからの出力の生成を促進する傾向にあり，後者は出力をブロックする傾向にある．最も簡単な場合として，1つの抑制性の入力はニューロンが出力（発火）するのを止めることができ，第3章のバルブ，すなわちチューリングマシーンを作成できる汎用の建築ブロックにたどり

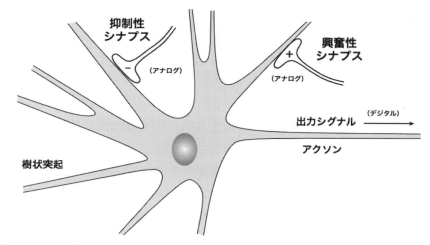

図 11.3 バルブとしてのニューロン．左側の " − " とラベルづけされたシナプスは抑制性で，出力を止める．右側の " ＋ " とラベル付けされたシナプスは興奮性で，抑制性の入力がないときに出力を生成する．どちらのシナプスもアナログのニューロンの一部だが，軸索に沿って右側に伝播する出力信号はデジタルである．ニューロンはしたがってバルブとして機能でき，脳が少なくともチューリングマシーンと同程度に強力であることを証明している．

着く[27]．実際，バルブから汎用コンピューターを組み上げる際に指数関数的爆発は起きないので，脳は多項式的な資源（時間とハードウェア）でチューリングマシーンをシミュレーションできる．チューリングの着想は人間が紙と鉛筆でできることによって動機付けられていたので，これは何も驚くべきことではない．

　上記のちょっとした練習問題の逆は，チューリングマシーンは脳をシミュレーションできるかどうかを問うものである．それはもちろん，チャーチ＝チューリングのテーゼによって暗示されている．脳の**効率のよい**シミュレーションを求めるのなら，それは拡張されたチャーチ＝チューリングのテーゼによって暗示されている[28]．脳に特別な何かがあり，その動作はどんな種類のチューリングマシーンによってもシミュレーションできないし，したがってチャーチ＝チューリングのテーゼのあるバージョンは間違っていると信じている人たちもいる．この点での私の見解は，これは魔法を信じるのと同じである．そのため私は本章のタイトルに魔法という言葉を使ったのである．

　脳はパーソナルコンピューターの原型であるが，コンピューター（事実上，他の脳）の構築を指揮できるという興味深い能力を持っている．この自己参照は必然的に，最

近流行になっている強烈に興奮させられるアイデアにつながっている．それは，脳を設計し構築するために私たちの脳を使うことがフィードバックループを閉じ，このことが指数関数的な技術の爆発的進展をもたらすということである．この一般的な現象，すなわちすでにより強力な脳によるより強力な脳の暴走的生成は，しばしば"シンギュラリティー"と呼ばれる．その展望はもちろん面白いものであるが，かなり危険なものである[29]．

▮11.10▮ 計算の不確かな限界

本章でチューリングマシーンの能力以上のものを得ようとした．素因数分解のような特殊な問題に対する量子コンピューターによるいくつかの実に特別に元気づけられる例外を除いては，ほとんど何も手にすることができなかったように見える．現時点でいちばん可能性が高いのは，NP完全問題がどの種類のマシーンにとっても，物理的法則とある深い意味でつながっている点で，真に難しいということである．

アナログからデジタルへの世紀にわたる歴史を振り返ることで，私たちは非常にしっかりと確立された原則（ノイズや量子力学によってもたらされる限界など）から専門家によって広く信じられている計算理論における予想（P ≠ NPなど）へ，そして証拠はより少ないながら支持されている似たような予想（量子計算の一見存在するように見える限界など）へと進んだ．本章で難しさを評価することの奇妙な側面は，それが暫定的なもので推測に基づいている点である．明らかにありそうもないが，P ＝ NPでありNP完全問題が結局難しくはないことも可能性がある！　同じように，量子コンピューターがNP完全問題を効率よく解くことができるかもしれない．あるいは脳がやっていることをチューリングマシーンでシミュレーションすることは不可能かもしれない．シンギュラリティーの可能性や，ありそうな脳の特別な性質の話にまで及び，私たちは明確な領域の終わりにまで到達した．次の最終章で，離散的な革命の原理が私たちをどのように今日のインターネットの支配している世界に導いたのか，そして知的な機械の開発においてどのような種類のシンギュラリティーがまさに期待できるのかについて議論しよう．その過程で，人間の脳の計算能力に関するここで挙げた問いに戻ろう．

第IV部

今日と明日

第12章

インターネット，そしてロボット

12.1 アイデア

　ここまで多かれ少なかれ歴史的な道をたどってきたが，主に基本的なアイデアの連続によって案内してきた．これらのアイデアが，今日のインターネットという波につながってきており，私の見立てでは明日の波にもつながっていくだろう．それは人工知能と，必然的に SF のアンドロイドという自律型ロボットへの加速する発展である．これは短い最終章で要約するには多くの領域であるが，私たちにはこれまでに扱った少数の比較的単純なアイデアによって培われた足場という強みがある．それらは今日の世界をごく自然に導き，そして明日の世界も自然に導いていくだろうと信じている．

　私たちの出発点である 1939 年，第二次世界大戦前夜のアナログ世界に戻ろう．偶然にもその年は，私がこの世へ到着したときでもある．それに引き続く 10 年間に本当に実用的なデジタルコンピューターの誕生が見られた．それらは何千もの熱い電子バルブから構成されており，そのバルブは世紀末の発明品であり，19 世紀のブール代数を使っていた．これらの部屋ほどの大きさの鈍重な怪物は進化し，科学やビジネスの場からあなたのポケットにまで広がった．これはリチャード・ファインマンやゴードン・ムーアによってもたらされた量子力学，半導体，そして「底にある余地 (room at the bottom)[a]」（ナノテクノロジー）の恵みによったのである．

　ムーアの法則が進行するにつれて，ナイキストのサンプリング原理は，コンピューターのスクリーンを色鮮やかなイメージでいっぱいにし，スピーカーを文明の音である音声と音楽で満たしている．そしてクロード・シャノンの美しい情報理論で規定さ

---

[a] 訳注：5.1 節参照．原著には "room at the bottom" とあるがこれはリチャード・ファインマンが 1959 年にカリフォルニア工科大学で行った講演のタイトル "There's Plenty of Room at the Bottom" から来ている．これはナノスケール領域にはまだたくさんの興味深いことがあるとの講演であった．

れた法則と限界に従って，コンピューターは互いに話し始め，今日まで文化的な世界はデジタルになり，私たちがインターネットと認識している情報ネットワークと絡み合っている．この開花のすべてに栄養を与えるのはアルゴリズムであり，何十億台ものストアードプログラムのマシーンのプログラムとして具現化されている．

　私が数えたところによると，6つの基本的なアイデアが，これまで説明してきたアナログからデジタルへの変遷の基礎となっている．この本の展開に沿ってまとめてみよう．

- **信号の標準化と復元**は，ノイズによって情報が壊されるのを防ぐ．この原理は計算がデジタルであることの意味を定義し，バベッジとチューリングの概念的な機械にも組み込まれている．しかし以前に議論したように，まだまだアナログ計算を見限るべきではない．結局のところ，物理世界のアナログ的な側面に，最終的には重要で，おそらく決定的であるとさえ証明される隠された能力があるかもしれないのである．

- **バルブ**は，1つの標準化された信号が他の物を制御するのを可能にし，ファンアウト[b]と合わせて，それらだけで任意の論理操作を実現するのに十分である．歴史的には，バルブは，電磁リレー，真空（真空管）での電子の移動，半導体（トランジスター）での電子の移動によって，順に実現されてきた．バルブで論理を実装するアイデアは，ジョージ・ブールの19世紀中頃の数学によって確立された．

- **ムーアの法則**が可能なのは，宇宙が非常に細かい粒度を持っているからである．ファインマンが観察したように，私たちのナノの世界にはたくさんの余地が残されているのである．少なくとも50年間にわたるムーアの法則の影響は，パーソナルコンピューターの激増を直接的に引き起こした．

- **ナイキストのサンプリング原理**は，音声やビデオを十分に速くサンプリングすれば，いかなるアナログ信号処理もデジタル信号処理でまねることができることを保証している．

- **シャノンの通信路符号化定理**は，帯域幅の限界，および符号化と復号化の遅延と計算コストが与えられれば，（本質的には）ノイズなしのデジタル通信を達成で

---

[b]訳注：電子回路の出力が他の入力に接続可能な数．https://www.weblio.jp/wkpja/content/ デジタル回路_ファン・アウト

きることを示している．無数のパーソナルコンピューターが今ではインターネットを通してつながっている．シャノンの定理は帯域幅の性質と限界を定義している．

- **チューリングマシーン**は，ストアードプログラムで条件付き実行のできるデジタル機械の良い例である．あなたが今日使っているどのコンピューターも原則的にはチューリングマシーンより強力なものではなく，できることは実行されるプログラムによって決定される．

今日，最後の 2 つのアイデアであるデジタル**通信**とデジタル**計算**が変化の風を吹かしている．最初に，インターネットが提供する豊かなコミュニケーションは，人間の社会と文化を変え，挑戦し続けている．人々は地球レベルで驚くほど相互依存し，地球は情報を運ぶ信号にすっかり浸かっている．2 番目に，情報を隠したり盗むため，生物学や物理学の問題を解くため，そして思考そのものを模倣するアルゴリズムが，私たちの最も強力な道具（そして武器！）になっている．次に，私たちの特定の観点からインターネットを見てみよう．インターネットを可能にした最も基本的なアイデアは何なのだろうか？

12.2 インターネット：パケットであり回線ではない

ここに情報の離散的な性質があなたの生活に与える直接の影響がある．あなたのコンピューターは，たとえば 10 億もの他のコンピューターのどの 1 台にも瞬く間につながることができる．そのような驚くべきことを起こすことができる接続システムをどのように設計するのだろうか？　電話をつなぐことから類推すれば，あなたのコンピューターから目的のコンピューターまでの経路を探し出し，つながっている間はその経路を固定し，この経路に沿って情報を交換するだろう．この方法は**回線スイッチ**（*circuit switching*）と呼ばれる．たとえば，旧式電話でニューヨークから香港まで電話をつなぐために，ニューヨークからシカゴ，ロサンゼルス，シドニーを経て香港への接続を見つけるかもしれない．いったんその経路が確立されれば，それはあなたの電話中，ずっと使用されるだろう．

しかし，とくにあなたがブラウザーを使っているとき，今日の情報がほとんどいつ

もデジタル形式で手に入るという事実は，私たちがまったく異なる方法で物事を行うことができることを意味している．あなたの信号を**パケット**と呼ぶ断片に分解できるのである．パケットはあなたのデータのかけらを含んでいるが，またその**ヘッダー**や**トレイラー**に多くの情報を含んでいる．それらはそのパケットの長さ，発信元，宛先，（そのパケットが破棄される前に許されている最大のホップ数を超えるまでの）"生存時間（TTL: time to live)"，チェックサム（誤り検出用），そのパケットを他のパケットと一緒にしてもともとのメッセージを再構成するために使われる識別子タグなどである．今，これらのパケットがそれぞれあなたのもとを離れ，宛先を探して点から点へ跳び回る．もともとのメッセージのパケットが多くの異なる経路を通って宛先に到達する可能性は大いにある．あなたのもとから香港への接続の際，シアトルを中間ノードとして使うパケットもあるかもしれないし，エルパソや，私たちの知る限り，軌道上の衛星を使っているかもあるかもしれない．

　回線スイッチに対するパケットスイッチの最も明らかな利点は，メッセージを小さなパケットに分割できるという事実から直接生じている．特定のパケットの経路上にある任意の特定のリンクは，他の多くのメッセージの一部である他の多くのパケットと共有される可能性がある．そのため，多くの人が他の多くの人に多くのメッセージをすべて同時に送るとしても，ネットワーク上の伝達リンクは専用回線が使われるよりもはるかに効率よく使われる．あなたがまったく入力作業やダウンロードをしていない頻度を考えてみよう．なぜそのようなアイドルタイム（動作していない時間）と専用回線が結びつけるのだろうか？

　パケットスイッチには他にも利点があるが，回線スイッチの方がよい状況もまたある．パケットスイッチは，一般にネットワークの故障により耐性がある．パケットがたまたまどこかで立ち往生して失われたり抜け落ちたりしたとしても，受理するノードがこの事態を知り，行方不明のパケットの再送信を要求するのは簡単である．他方，パケットスイッチは回線スイッチよりも遅れが生じるかもしれない．なぜなら回線スイッチでは，いったん伝送路が確立されれば最高速で進むことができるからである．これは遅延が許されない状況では致命的な制限である．たとえば，患者から遠く離れた場所で繊細な手術を行う外科医のことを考えてみよう．

　しかし，概して，インターネットやデジタルの考え方にとって，パケットスイッチ

は圧倒的な勝者である．なぜならデジタル形式のデータによって，パケットスイッチが簡単にそして自然に実行できるようになるからである．簡単に言うと，メッセージの小さな断片への分解は，アナログ信号と対照的に，デジタル信号ではもっと簡単であるが，チャネルをはるかに効率よく，そしてはるかに信頼性が高く使えるようになるのである．

12.3 インターネット：光子であり電子ではない

　私たちは今日，"ワイヤレス"を銅線の代わりに無線が使われることを意味していると考えている．しかし，人々は何千年もの間，電線を使わずに，昼には煙，そして夜には火といったのろしの信号を使って長距離通信を行っていたことを忘れないようにしたい[1]．1800 年代の初期には，シャップの腕木通信（Chappe semaphore）[c]が開発された．これは 5 〜 10km 離れた丘の頂上にある塔の間で信号を送っていた．ある 220 基の塔からなるそのようなつながりは，プロイセンの国境からワルシャワを経てサンクトペテルブルクまでにわたっていた．これは，アレクサンダー・グラハム・ベルと彼の助手であるサムナー・タインターが光線で音声を送るアイデアに夢中になっていたときの長距離通信における最先端であった．彼らは信号を光線に埋め込むこと（変調，modulation）と変化を検出すること（復調，demodulation）という手に負えそうもない問題に直面したが，**フォトフォン**（光線電話，*photophone*）の誕生が，1880 年 2 月 19 日に次のメッセージと共に文書化された．"光を媒介として会話を再生する問題は，私の研究室でサムナー・タインターと私自身によって解決された……" − これは無線による伝達の成功のおよそ 20 年前である[2]．

　電気の代わりに光を使って通信を行うというアイデアは，1970 年代に激しく生まれ変わり，光ファイバーはインターネットの爆発的な普及を焚きつけてきた．今日，街路は掘り起こされ，髪の毛の細さの光ファイバーの束が敷かれて，ほんの数年前には考えられなかった速度で私たちをどこにでも接続できる．1 本の光ファイバーを 1 秒間に通過するビット数は，実際ムーアの法則と同種のものに従って指数関数的に増

---

[c] 訳注：『腕木通信：ナポレオンが見たインターネットの夜明け 改訂版』中野明，に詳しい紹介がある．https://www.worksight.jp/issues/1556.html，このサイトも参考になる．

加してきた．図 12.1 は過去 30 年余りの光ファイバーの速度の進展を示している．
Hecht（ヘヒト）（2016）はこのムーアの法則の光学版を**ケックの法則**（*Keck's law*）という名前で呼ぶことを提案した．

　ここで本当に基礎的な問いを投げかける必要がある．それは，なぜグラスファイバ

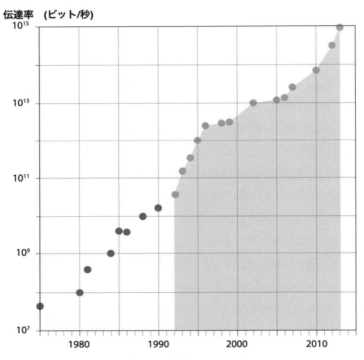

図 12.1　光ファイバーの速度の進展．縦軸は最も積極的な試みによる 1 秒当たりのビット
レートである．網掛けの部分は**光波長多重通信**（*wavelength-division multiplexing*；WDM）[d]
を使っている．これはいくつかの異なる信号が同じファイバーを使って，それぞれ異なる波
長を使って送られる．過去数十年間にわたる光ファイバーの進展の概説は Hecht（2016）
を見よ．ヘヒトはムーアの法則になぞらえて，低損失光ファイバーの共同発明者である
ドナルド・ケックにちなんだ**ケックの法則**という名前を提唱している（https://www.
eitdigital.eu/news-events/blog/article/after-moores-also-kecks-law-looks-in-trouble/ に
ある．September 15, 2017 にアクセス．IEEE の厚意による．Great leaps of light. *IEEE
Spectrum*, 53 (2)：28–53, February 2016．許可のもと転載）．

---

[d] 訳注：波長分割多重通信とも言う．

ー中で光子を使った情報の長距離伝送が，銅線中で電子を使ったものを打ち負かすのかという問いである．その答えは**損失**（*loss*）と**表皮効果**（*skin effect*）の問題の中にある．ワイヤーやファイバーの中を伝播するとき，どんな種類の信号でも大きさの損失は避けられない．つねにある程度のノイズがあるので，これによって信号が伝播する距離に制限が生じる．しかし，デジタル信号は，ノイズで分からなくなる前に，0 と 1 を決定し，まったく新しい信号をすっきりと大きなサイズで生成することによって，再生できる．この再生を行うデバイスは**リピーター**と呼ばれるが，しかしこれは安価ではないし，海底ケーブルにそれらを設置するのは，とくにやっかいである．したがって，損失が小さくなるほど長距離信号がより実用的になる．

　これが，光ファイバーが銅線との比較で輝いている点である．高周波か短波長の波動が銅のような伝導体を伝播するとき，電子は伝達物の表面の近く―"表皮"―に集中する傾向がある．これによって，銅線の有効な直径がはるかに小さくなるので，銅線は非常に高い抵抗を持つように見える．したがって，信号はもっと急速に減衰し，波動の速度が速くなるにつれ損失は大きくなる．光子がグラスファイバーを通るときには表皮効果はまったく起きないので，非常に低損失な光ファイバーの開発はインターネットの成長に恩恵を与えた．第 7 章の用語を使えば，損失を同じにすると，光ファイバーはシャノンの情報定理の意味で銅線よりもより広い**帯域幅**（*bandwidth*）を持つ．

　グラスファイバーはまた，銅線よりもいくつかの利点を持つ．それは，無線信号や電気機器からのノイズを含む電波障害に耐性を持っていることである．レアアース（希土類元素）であるエルビウムを少量使うことによりある種の組込み型の増幅機能が提供され，この増幅によって，光ファイバーによる伝送距離が，リピーターなしで大幅に拡張される[e]．それはまた，より耐久性があり，より軽く，長期間の運用ではより安価なのである．

　グラスファイバーの本当の利点は光子と電子の物理的な性質の違いから来ている．Hecht（2016）は非常にうまくそれを述べている．つまり電子は他の物質と強く相互作用するので論理回路やメモリーによく適している．一方，光子は強く相互作用し

---

[e] 訳注：https://dbnst.nii.ac.jp/pro/detail/878 などを参照のこと．

ないので，そのような相互作用がとくに望ましくない長距離通信において完璧である．時が経つと，電子ベースのチップ技術の指数関数的成長と，数十年後の光子ベースの光ファイバー伝送の爆発的増加を見た．今日では，それら両方の成長の期間の恩恵を享受している．

その成り行き

　こうして，インターネットの驚異的な開花は，今議論したばかりの2つの基本的な要因に大きくたどることができる．その要因とは，パケットスイッチと光ファイバーの開発である．しかし，ご存知のように，インターネットは私たちに大きな機会を与えると同時に大いなる危険ももたらしている．コンピューターが実験室や書斎の隅っこに隔離された機械として鎮座していたときには，私たちの生活は単純に見えた．データを入手するのは難しかった．デジタル形式で手に入る文書や本はあまり多くなく，データは貴重で，仮に共有されるとしても小さなコミュニティーにおいてだった．今日では想像するのも難しいかもしれないが，ある機械で走るプログラムは必ずしも他の機械では走らなかった．人々とそれらのコンピューターは，一般的に余計な干渉をしなかったのである．

　インターネットと共に，こののどかな風景は非常に素早く，そして劇的に変わった．驚くほど安価で高速なデジタル通信と，もちろんムーアの法則に裏付けられて進歩した集積回路は，データの海とユビキタスコンピューティング（どこでもコンピューター）の世界へと導いてきた．1つには，あなた自身のコンピューターをいつも所有する必要が必ずしもないのである．ビジネスを始めてすぐにハードウェアに投資したくないとしても，絵に描いたような"クラウド（cloud）"「と呼ばれる，いわばある未公開の場所にある部屋いっぱいの機械に計算ーとストレージーを送り出すことができる．大陸をわたって何十億バイトの容量をとても安価で高速に送受信できる時代に，なぜ成長するビジネスを展開するのに必要なすべての機械を購入し維持することを心配する必要があるのだろうか？

「訳注：アマゾンのAWSやマイクロソフトのAzure（アジュール）のように，どこに置かれているかが意識されない巨大データセンターにあるコンピューターのリソース（CPU，ストレージ，アプリケーションなど）を必要なときに必要なだけ使うことのできるサービスをクラウドサービスと呼ぶ．そして，それらは雲（クラウド）の形の絵で表現されることが多い．

　自分たちの周りを流れ，シャノンの定理に従って割り当てられた帯域幅にぴったりと当てはまるデータのすべてによって，避けられないことが起きる．企業がマーケティングのために，医療が善良な目的のために，犯罪者が悪のために，それらを収集し利用するのである．この現象は"ビッグデータ"という題目のもとに集められ，今日では誰かがどこかで私たちのコンピューターのキー操作を，希望的観測では私たちの名前や付与された社会保障番号抜きに，監視しているかもしれないことを私たちは皆知っている．

　クラウドコンピューティングやビッグデータはどちらも通信とメモリーの豊かさがもたらしたものであり，これらはムーアやナイキストやシャノンの名前で連想されるアイデアに従っている．インターネットの大いなる危険は，プログラミングの概念的な基礎と情報の封じ込めや盗み出しにおいてストアードプログラムの使用を開拓したチューリングの名前と深く関係している．前章で見てきたように，暗号化された情報を解き明かす困難さはコンピューターサイエンスの最も基本的で難しい問題とつながっており，量子ベースのコンピューターの開発に対する最も切迫した圧力を生み出している．

　実際，ストアードプログラムのアイデアはとても一般的で強力なので，油断のならない結果をもたらす．21世紀に生きていればよく知っているように，あなたのコンピューターはウィルスによる侵入と破壊に対して，生細胞の再生メカニズムと同じように，ほとんど同じ理由で脆弱である．少し厳しく言えば，今日私たちは愛すべきデジタル技術の無垢な消費者と悪意のハッカーの間での軍拡競争を見ているのである．あなたのスパム用のフォルダーを注意深く見よ．それらは私たちの6つのアイデア，あるパケットスィッチ，ある光ファイバー，そして数十億行のコードからすべて展開されているのである．

12.4　人工知能の世界に入る

　6つのアイデアが私たちをどこへ導いているのかを見るのは難しいことではないだろう．定期的にコンピューターのニュースを投稿している米国計算機学会（Association of Computing Machinery: ACM）のTechnewsというウェブサイ

トを見るだけでよい³. 世界中からの研究の抜粋やレポートがよく定義されたカテゴリーに分けられていて, その中で主要なものは, 一般に**人工知能**（*Artificial Intelligence*: AI）⁴ と呼ばれるものおよびゲート（前の分析でのバルブ）やセンサーを作るための新種の素材に対する新しいアプリケーションやアルゴリズムである. これらは人工的な心や体の素地である. すなわち, 私たちは独立した, スタンドアローン型の, しばしば**自律型**（*autonomous*）と呼ばれるロボット－あるいは本章の初めに**アンドロイド**と呼んだものに向かっていっているのである.

用語についていくつかコメントしよう. この分野の用語は変化が激しく, 時には明確ではない. "AI"はむしろ古めかしく時代遅れの用語で, 今日ではおそらくあまりに曖昧すぎて研究者にとっては有用ではないが, 一般の会話ではとても人気がある. 多分コンピューターサイエンス分野の仲間うちでもっと流行っているのは, もっと狭い用語の**機械学習**だろう. それはコンピューターがアプリケーションからタスクへのフィードバックに基づいてそのアルゴリズムを継続的に改善する能力である. さらに専門的なのは**コネクショニスト**という用語のもとに一括りにされているシステムであり, それは知的挙動のための機械のアルゴリズムが, 相互に結合された単純な, しばしば同一のユニットからなるネットワークを使うことを意味する. これらのユニットがほぼニューロンのように挙動するように意図されているとき, **ニューロモルフィック**と名づけられたもっと専門的なシステムの分類さえある. またこれは**ニューラルネット**とも呼ばれる. 私はここでの議論を, このAIシステムの特別な分類に限定している. 実際に, 今日では, これがおそらく最も有望で成功しているものである.

ニューラルネットは, とても大雑把ではあるが, ニューロンが脳内で組織化されていると思われる方法をまねている⁵. つまり（人工的な）ニューロンの入力集合があり, これらはニューロンのもう1つの層につながり, それが結果をそこから取り出す最終的な出力層まで続く. もちろん, 結果を取り出すことがニューラルネットを実装する第一の目的で, たいてい汎用コンピューターでシミュレーションして実現される. たとえば, ニューラルネットの人気のあるアプリケーションの1つである, 会話を認識するために設計されたシステムでは, マイクからの入力を得て, 多分異なる周波数帯をカバーするフィルターによって処理され, そしてテキスト形式の単語として出力されるだろう. すでにこの仕事をすることができるソフトウェアがあるが, それは

人間ほどよくはない[g]．当然のことだが，ニューラルネットを設計する目的は，しばしば人間の能力に匹敵するかそれを凌駕することである．

12.5 深層学習

最初の単純なニューラルネットは，もともと 1 層の（人工的な）ニューロンの入力層[6]，1 層の中間層，そして 1 層の出力層から構成されていた．開始時点で分かっていないのはニューロン間の結合の**重みづけ**である．通常，これらの重みづけは−1と＋1 の間の任意の数をとり得るものであり，0 はまったく結合がないこと，そして＋1 または−1 はとり得る最強の結合を表している．したがって，重みづけはどのニューロンがどのニューロンにつながっているかを決定し，特定のタスクに対する良い重みづけを見つける（"学習する"）ことがニューラルネットを使うときの主要な計算課題である．このプロセスは通常，ニューラルネットを**訓練する**と言われている．

ニューラルネットの訓練は，最初に適切な種類のニューロンを選ぶのと同じく芸術でもあり科学でもあり，本書の執筆時点で精力的な研究の中心である．これは驚くべきことではない．たとえば人間は，約 1,000 億個のニューロンと一定数のシナプス（大まかに言えば結合）を持って生まれてくるが，それらの多くが完全に未学習の状態である．赤ん坊−というより赤ん坊の脳−は，（シナプスを追加して）これらのニューロンをいかにつなげて，母親の声を認識し，物体に両目の焦点を合わせ，物を取り上げ，そして歩いたりするのかを学ぶ．これは，話し言葉を理解したり，首尾一貫した文章を喋ったり，文章のメッセージを送ったりというような高等な技術への言及ではない．ご存知のように，それらの 1,000 億個のニューロンをさらに訓練して，分別良く車を運転したり[7]，他人に共感したり[8]，1,000 億のニューロンを持つ赤ちゃんを産み育てたりできるようになるのに 20 年ほどかかる．人によっては決してそ

---

[g] 訳注：現時点（2022）では音声認識は人間の能力に匹敵するレベルと言われている．George Saon et al., English Conversational Telephone Speech Recognition by Humans and Machines (https://arxiv.org/abs/1703.02136，2022 年 8 月 27 日にアクセス)．自然言語処理のベンチマークのサイト GLUE (General Language Understanding Evaluation) によると，このベンチマークでは 2023 年 4 月現在，人間の基準は 23 位に位置しており，ソフトウェアの能力は人間を凌駕しているようである (https://gluebenchmark.com/leaderboard，2023 年 4 月 20 日にアクセス)．

こまで到達しない。同様に，ニューラルネットの開発の進展は，たとえばより多くの
ニューロン，もしくは1層以上の中間層を導入することによって，訓練に必要な時
間によって制限されてきている。複雑なタスクによっては，学習プロセスは，現在利
用可能なコンピューターの能力ではまったく太刀打ちできなくなっている[h]。

　ニューラルネットのアイデアは，前世紀（20世紀）にいろいろ形を変え，繰り返
し登場してきた[9]。それらが繰り返し登場する際には，過度に熱烈な売り込みと誇張
された主張がなされ，失望と衰退につながった。ムーアの法則の容赦のない進展はこ
れらすべてを変えた。1990年代までに，私たちの小さな集積回路はどんどん速くな
り，それらの多くを同時に動作させるアーキテクチャーが開発された。真の"スーパ
ーコンピューター"を作ることが可能になったのである。21世紀初めまでには，多
くの中間層を持つニューラルネットである"深層ニューラルネット（deep neural
net）"を構築し教えることが実用的になり，"深層学習（ディープラーニング）"の
分野が生まれた。本書の執筆時点で，この分野は多くの才能ある研究者や対応する資
源を引き寄せ，大流行している。そして今日，深層ニューラルネットは，しばしばコ
ンピュータービジョンや手書き文字認識，そして自然言語処理のようなタスクで最良
のツールを提供している。これらのアプリケーションが選択された理由の1つは，
それらを解決する従来のアルゴリズムが明確にはないためである。人間は進化によっ
てこれらのタスクに対してとてもうまく"設計されている"というのも真実であり，
初歩的な方法で脳の作用をまねているニューラルネットもまたこれらの同じタスクに
対してうまくいっているのはおそらく偶然ではないだろう。

スキナーの鳩

　1940年，著名な行動主義心理学者であるB. F. スキナーは，私たちが今"スマー
ト爆弾"と呼ぶものを構築するためのアイデアを持っていた[10]。スキナーは条件付け
のアイデアの大いなる支持者だった。そして彼は，スクリーン上の動く画像をつつく
ように鳩を訓練できることを示す実験を開始した。そのアイデアは，爆弾の中のスク

<hr>

[h] 訳注：現在，OpenAI が開発した世界最大規模の GPT-3 という機械学習モデルは，1,750 億個のパラメーター
を持ち，その1回のトレーニングには1,200万ドル（為替レートを1ドル135円とすれば約16.2億円）かかると言わ
れ て い る（https://venturebeat.com/2020/06/01/ai-machine-learning-openai-gpt-3-size-isnt-everything/
2022 年 8 月 27 日にアクセス）。

リーンに標的の画像を映せば，爆弾の中につながれた鳩の頭の動きが爆弾の飛行の方向を制御できるというものであった．スキナーのプロジェクトの浮き沈みの物語は面白い読み物になるが，ここで取り上げたのは，それが AI における今日の研究の多くの基本戦略をとてもよく描いているからである[11]．有用なニューラルネットを作って使うために，まず囚われの哀れで不運な鳩を，鳩の脳内でニューロンが相互に作用する方法を非常に大まかに反映するコンピュータープログラムか電子回路で置き換える．そして，報酬を用いて望んだ挙動をするように強化したのと同じようにそれを訓練する[12]．この場合，強化は神経間（人工的なシナプス間）の結合における重みを適切に調節することによって達成されている．

　今日，深層学習は，顔認識や汚い手書き文字の読み取り，そして会話の理解のように，正確なアルゴリズムが存在しない多くの問題に適用されている．上で述べたように，人間はこのような仕事がとても得意だが，何年もの訓練の後にだけである．そのためニューラルネットに有用なことをするように教える際の真の難題は，それらを訓練するために要する計算時間であるというのは驚くに当たらない．

12.6　障害

　ニューロモルフィックコンピューティング，そして一般の AI の歴史は，熱狂的な主張の定期的な盛り上がりと，後に続く期待への落胆で特徴づけられることをすでに述べてきた．たとえば，*IEEE Spectrum* の 2017 年 6 月号では，そのカバーページでむしろ安っぽく見える人間の脳の列と "Can We Copy the Brain?"（私たちは脳を複製できるだろうか？）という問いを掲げていることを考えよう．この特集の最初の論文は "The Dawn of the Real Thinking Machine（本当に考える機械の夜明け）" という題であった[13]．この文書はある共通のテーマを描いている．

　　最終的には，私たちの道具はそれら自身で考え，意識さえ持つようになるだろう……．私たちの道具がそれら自身で考えるならば，それらは私たちに立ち向かうこともできるだろう．その代わりに，私たちを愛する機械を作ったらどうなるんだろう？

最後は楽しい考えを描いている．おそらく．

　同じ特集の中にもっと注意深いアプローチをとっている論文がある[14]．著者のゴメスは次の予想で締め括っている．"［ニューロモルフィックコンピューティングは］離陸し溝を飛び越えていくか，暗がりに落ちるかのいずれかだろう．" 私は3番目の可能性を追加しよう．この分野は離陸するか……もう一度地下に潜り，周期的なセミ[i]のように13年後か17年後に再度出現するだろう．今とは言わないまでも，出現する上での技術はやがて真に知的な機械を裏付けるのに十分なほど進化するだろうと主張しておく．ところで，ゴメスは飛行機の隠喩を用いて，成功した飛行機は羽根をはばたかせないことを読者に思い起こさせている．これは素晴らしい点だと考える．おそらく将来の知的な機械は私たち自身の物とはまったく似つかない脳を使って考えるだろう．

　"予想はとても難しい．とくに将来に関しては" ― この引用はしばしば20世紀の知的な影響力を持つ2人，ニールス・ボーアとヨギ・ベラ[j]のどちらかによるものだとされている．しかし，AIの将来はとても重要なので，残りのページでその進展の輝かしい展望のいくつか，くじかれそうな障害のいくつか，そして真に変化する社会への可能性のある結果について議論しよう．

結合を数える

　ゴメスの控えめな態度を裏付けるのはいくつかの驚異的な数である．出生時の資質を構成する1,000億（10^{11}）個のニューロン ― これは一般に受け入れられている概算である ― についてはすでに述べた．私たちは多少の誤差はあるにしても，生涯にわたって，これらのニューロンで何とかしなければならない．それが不当に少ないと文句を言うことはできない．何しろ，図らずも天の川にある星の数と大体同じでもあるのだ．しかし，1,000億もの数は大きく見えるだろうが，**結合**（connection）あるいは**シナプス**（synapse）の数に比べると小さいものである．

　図12.2は典型的なニューロンの図である．ニューロンがバルブとして働くことが

---

[i] 訳注：北米に見られる素数ゼミや周期ゼミと呼ばれるもの．世代が正確に13年，17年おきに発生する．その間は素数の年数（13年か17年），地中に眠り続けている．
[j] 訳注：大リーグ，ニューヨークヤンキースの名捕手．彼の警句が常識的ではないことからいろいろ考えるヒントになり，数多く引用されている．

できることにだけ関心を持っていた図 11.3 よりほんの少し現実的に描かれている．シナプスは，ニューロンの中心的な場所である**細胞体**（*cell body*）あるいは**神経細胞体**（*soma*）より出ている軸索（axon）から分かれた枝の端にある．各シナプスはそのニューロンから他のニューロンに信号を伝播し，小さな隙間を超えて他のニューロンの神経細胞体，あるいは，その**樹状突起**（*dendrite*）の 1 つにつながっている．樹状突起とは，他のニューロンから信号を集めて神経細胞体へと伝播する枝状の構造である．一般的に言えば，ここでは無視できる例外はあるものの，情報はニューロンの神経細胞体から，外に枝分かれしている軸索に沿って，他のニューロンのシナプスへと流れる．新しいシナプスは，とくに乳児期に，新しい情報を学習し格納する（**記憶**（*remembering*）と呼ぶプロセス）ときに出現し得る．さらに，訓練中にニューラルネットの重みを変えることができるのと同様に，ニューロンが出力信号を作るために入力情報を合成するのに使う重みも変えることができる．このことは学習するに

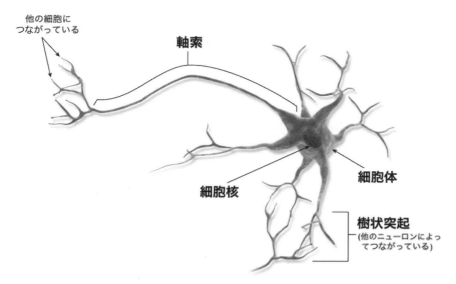

図 12.2 典型的なニューロンを図式化したもの．ニューロンの細胞体は，他のニューロンからシナプスを介して信号を集め，そのニューロンの軸索に沿って（この図では左側に向かって）移動するスパイク列の形で，あるかないか（all or nothing）の反応信号を発生する．その軸索はしたがって**デジタル**信号を運ぶが，一方シナプスは**アナログ**である．ニューロンには非常に多様な種類があり，各々は多くの，時には何千ものシナプスを介して他のニューロンと通信することができる（Blausen.com staff（2014）より）．

つれて脳がつねに変化していることを意味しており，脳は継続的に自分自身を再配線している．1つのニューロンに属するシナプスは10,000もの数があるかもしれず，各々のニューロンは他のニューロンにつながっている．Pakkenberg et al.（2003）では，実際に顕微鏡を使って数多く数え上げたのだが，すべての重要な思考を担っている大脳新皮質では，各ニューロンが情報の交換のためにおよそ7,000個のシナプスを持っていると結論づけた．面倒臭い数を避けるために，すべてのニューロンが持つシナプスの平均を10,000（つまり10^4）としよう．したがって，10^{11}個のニューロンの各々は，たとえば10^4個の他のニューロンと（一方通行で）結合されている．これにより，人間の脳では$10^4 \times 10^{11} = 10^{15}$（切りよく1,000兆）のオーダーの結合がある．

　これらの数は，脳をコンピューターでシミュレーションしようと考えると，とんでもないものである．1,000兆の結合が，ニューラルネットで学習する必要のある重みに相当すると仮定しよう．また，訓練のプロセスの各繰り返しで各結合の強さを調整し，1MHz，つまり1秒間に100万回強さを更新するとしよう[15]．すると，脳をシミュレーションするのに10億秒，すなわちおよそ32年かかる — たった1回一連の重みの調整を行うのにである．そして適度に凝った仕事に対する訓練は，簡単に何千回に届き得る[k]．

　実情はさらに悪い．なぜならば，脳内のニューロンは，樹状突起やシナプスと共に，微分方程式によって支配された複雑なアナログ系である．そしてニューラルネットで使用される過度に単純化した人工的なニューロンによって確かに正確にはモデル化されていないからである．たとえ多くのプロセッサーを並列に使ったとしても，人間の脳の完全で正確なシミュレーションは，近い将来ではうまくいきそうにないということは簡単に分かる．

蜂の脳

　しかし，勤勉なミツバチは私たちに良いニュースを運んでくれる．その脳はゴマ1粒のサイズで，ほんの100万個のニューロンしか持っていない．実に人間の脳の10

---

[k] 訳注：脳の構造や階層学習に必要な範囲などいろいろ考えるとかなり粗い議論かもしれないが，複雑度のレベルを捉えている．

万分の 1 である．さらに近年，研究者たちは，ミツバチが昆虫にしては高度な学習能力を持つことができることを示した[16]．ミツバチは**概念**を，つまり特定の物理的事例からは独立した抽象を学ぶことができるのである．たとえば，彼らは"同じ"，"違う"，"上／下"，"右／左"という考えを学ぶことができ，それらを違った状況に応用できる．それ以上に，彼らはそのような概念を 2 つ同時に学ぶことができるのである．

　人間の脳からミツバチの脳への複雑度の減少は，ニューロンの数が 10 万分の 1 に減ることによって想起されるよりももっと劇的でさえある．**結合**の数を考えてみよう．それはニューロンの数の **2 乗**で変化する．したがって，脳の複雑度のもっと良い指標である結合の数は 100 億(10^{10})分の 1 で減る．これは確かに元気づけられる．小さな脳を持った天才の昆虫であるミツバチの例は，比較的高いレベルの仕事を実行するために，手におえる程度の大きさのニューラルネットを訓練することができるかもしれないという希望を抱かせる．

脳にはアナログの魔法があるだろうか？

　脳はデジタルとアナログ両方の信号処理を使っている．一般に，ニューロン間の通信はデジタルであり，ニューロン間を走る糸のような軸索に沿って送られるスパイクによる符号化を使っている．しかし，各ニューロン自身での局所的な操作は他のニューロンからの信号をとても複雑な方法で組み合わせており，明らかにアナログ処理を使っている．上で述べたように，ニューロンを正確にシミュレーションするには微分方程式を解く必要があり，これは単純な論理を実装するよりもはるかに難しく時間のかかる計算作業である．

　インターネットでデジタル符号化を使うのとほとんど同じ理由で，脳はニューロン相互の通信においてデジタル符号化を用いているようである．1 つのニューロンからもう 1 つのニューロンに送られるデータのデジタル形式はノイズ耐性を持っている．これは私たちの全文明の情報技術がなぜデジタルになったかを説明する 6 つの主要なアイデアの 1 つである．これを考えよう．つまり典型的な神経細胞体は，大雑把に言って直径が 10 ミクロン（10^{-5}メートル）であるのに対し，一方私たちの坐骨神経の軸索は脊椎の下部から足の親指まで伸びていておよそ 1 メートルの長さであ

る．したがって坐骨神経の軸索に沿った信号は，そのニューロン自身の細胞体の中の信号（それはアナログ計算を使っているが）よりも10万倍も遠くまで動く．自然は私たちが行っているように長距離通信にはデジタル処理を用いることを習得していた．

　脳のニューロンでのアナログ処理は第11章で挙げた計算複雑度の問いを呼び起こさせる．脳は相対的な効率性のためだけにアナログ処理を用いているのだろうか？あるいはアナログ処理は指数関数的な，そしてそのため質的な利点を提供し，それによってデジタル処理の能力を超越しているのだろうか？　第11章で述べたように誰も確かなことは分からないが，拡張されたチャーチ＝チューリングのテーゼに賭ける方が賢いだろう．つまり脳内では（あるいは他のどこでも）どのアナログの魔法は何も起きていないのである．もしこの結論を受け入れれば原則的には脳を完全なデジタル計算でエミュレートしようとすることに何の現実的な制限もない．

脳に量子の魔法はあるのだろうか？

　ここではまだ，脳が使うかもしれない他のリソースとして量子力学が残っている．量子コンピューターは計算効率性にいくつかの重要な改良を約束していることを第11章で述べた．脳は量子力学を使うのだろうか？　これは最も興味深く，そして刺激的な問いである．

　よくご存知のように，他の物理的な物質のように脳は量子力学の法則に**支配されている**．これは解決すべき論点ではない．問題は脳がその計算において量子力学的効果の利点を利用しているかどうかである．

　今は主要な議論の賛否を要約するに留めよう．量子力学が脳内で本質的な方法で使われているというアイデアの最もよく知られた支持者はロジャー・ペンローズであり，物議を醸しているものの素晴らしい著書である *The Emperor's New Mind*（『**皇帝の新しい心**』）の中で，一般的な提案を行っている[17]．彼はここで触れたいくつかの話題をもっと詳細に発展させ，数式があちこちに散りばめられているにもかかわらず，その本は依然として専門外の読者に適している．脳における量子力学的計算の位置付けと性質に関するより具体的な提案は，Hameroff（1994）やHameroff and Penrose（1996）でさらに展開されている．とくに彼らは，意識の源は脳のニュー

ロン内の円筒状のタンパク質の格子である微小管（マイクロチューブル，microtubule）の量子力学へとたどることができると提案している．

　一方，これらの提案は一般的に生物学者や物理学者による疑念に直面してきた．量子システムは，情報を量子状態に蓄えるものであるが，とても繊細である．それらは環境と相互作用しそのため量子情報を失いやすい．この現象はデコヒーレンス（decoherence）と呼ばれる．この損失は，脳内であろうとなかろうと，あらゆる種類の実用的な量子計算を行う際の主要な技術的困難である．批判家は脳内で**デコヒーレンス**から量子状態を守り続けるのは信じがたいことであると議論している．つまり脳はあまりにも水分が多く，あまりにも温かすぎるのである [18]．

　ロボットに人工的な脳を構築する際に可能性のある3つの障害についてここまで述べてきた．それらは正真正銘のとてつもない複雑さ，そしてそれがアナログ計算，あるいは量子計算を必要とし，それ故に標準のチューリングマシーンを超える能力を必要とする可能性である．これらの障害はどれも致命的なものとは限らない．歴史の導くところでは，ますます小さくなる仮想の頭蓋骨にある種の計算をどんどん詰め込んで，必要ならば任意のアナログや量子力学の特徴をいつでもロボットの脳に備えつけることができるだろう．詰まるところ，私たちはこの原理の証拠の1つをもっている．それは私たち自身である．

12.7　ロボットの世界に入る

誰が何を学ぶのか？

　スキナーは鳩がスクリーン上の目標を追いかけるように訓練した．彼は鳥を訓練する達人であったことは確かだが，鳩がスクリーン上の点をつつくのに使ったアルゴリズムについて何を学んだのだろうか？　1940年代初頭には実用的な目的のためのデジタルコンピューターは，地球上にまったく存在しなかった．アラン・チューリングとおそらくほんの一握りの他の人たちだけが，アルゴリズムやそれに対応するコンピューター用のプログラムまでも考えていた．鳩たちが何を学んだのかを知るために私たちが鳩の脳と呼ぶコンピューターがどのように動くかを理解する必要があるだろう．しかし，75年経ってもまだ道半ばである．

AIの今日の状況はそれにとても類似している．ディープニューラルネットを手書き文字認識のようなことをさせるために訓練した後であっても，そのニューラルネットを構築して訓練したコンピューターサイエンティストは，通常手書き文字認識の問題について，開始時点に比べてほんの少ししか理解を深めてはいない．訓練の結果は単に，人工的なニューロンがどのように相互結合されているかや人工シナプスを反映した，ネットの中の重みづけの数字の単純な大きな集合でしかない．そしてニューラルネットがより深く，より複雑になるにつれて，問題はいかに生物学的な脳が働くのかを理解するという問題に似てくる．今日ディープニューラルネットがどのように動作しているかを理解することは重要な研究分野である．今までのところ，実際にニューラルネットを使い問題を"解く"のは，その解法を別の思索家に委任していることに相当する．そしてそれは，ロボットを導入するというやり方である．

チャペックとディック

テクノロジーの実績，とくに過去1世紀にわたるものを考慮すると，少なくとも私にとっては，人型ロボットの創作，すなわちSFの世界で幅広く予期され，今では大衆の意識の中にすっかり広がっている段階へと急速に向かわされているのは避けられないように見える．

カレル・チャペックは，1920年に書かれ，翌年，プラハで上演された彼の劇 *R. U. R.* (Rossum's Universal Robots，ロッスム・ユニバーサル・ロボット会社) の中で**ロボット** (*robot*) という用語を導入した[19]．ロボットは今では**アンドロイド** (*android*)，あるいは，P.K. ディックの古典，*Do Androids Dream of Electric Sheep?* (アンドロイドは電気羊の夢を見るか？) の中の**アンディー** (*andys*) とも呼ばれる[20]．

チャペックは，そのユニークな才能と独特のセンスで，ロボットたちの最初の登場の際に中心的な問いを掲げた．彼らはどれほど人間的なんだろうか？　チャペックの劇の最初の一幕で，ロッスム・ユニバーサル・ロボット会社のジェネラルマネージャー，ドミンは宣言している．

ドミン：機械的には彼らは私たちよりももっと完全で非常に発達した知性を持

っていますが，魂は持っていません．

後に同じ幕で，心理教育研究所所長のハレマイエルはヘレナに次のように答えている．

ハレマイエル：彼らは自分の意志を持っていないのです．熱情もなければ，魂もないのです．

ヘレナ：愛も抵抗するという欲望も？

ハレマイエル：そうです．ロボットは愛することはありません．自分自身もです．

ヘレナはR.U.R.工場の訪問者だが，チャペックの人間中心主義の声である．もう少し学んで見よう．

ハレマイエル：時折，彼らは何というか頭がおかしくなるようです．何かてんかんのようなものです．ロボットの痙攣と呼んでいますが — 明らかに機械の何かの故障ですが．

ドミン：製品の欠陥です．それは廃棄されなければいけません．

ヘレナ：駄目駄目．それは魂だわ．

後にロボットの痛みが，そして愛についての問いが提起される．これらは人間であることの経験の避けられない要素である．

およそ50年後，P. K. ディックは彼なりの方法で同じ問いに向かった．彼の物語の主人公，リック・デッカードは賞金稼ぎで，火星から逃げてきたアンディーを追跡し引退させる（殺す）ことが任務だった．逃亡したアンディーはネクサス6型脳ユニットを使った先進型モデルで，人間と区別するのはフォークト＝カンプフ感情移入度検査法（Voight-Kampff empathy test）のみで可能だった．ディックにとっては，感情移入こそが本質的に人間の感情だったのだ．

情熱，魂，愛情，苦痛，共感：これらはすべて私たちが**意識**（*consciousness*）と呼ぶ特有なものの現れである．

12.8 意識の問題

ハードプロブレム

　何らかの形で人間の考えを模倣する機械であるロボットは**意識を持っている**のだろうか？　これはヘレナが *R.U.R.* で尋ねたように，ロボットは魂があるのだろうか？あるいは痛みを感じるのだろうか？　あるいは愛するのだろうか？という問いの別の言い方である．さらに言えば，なぜ**人間の脳のプロセスが主観的体験**になるのだろうか？　どのようにしてニューロンの物理的動作が，色を赤だと認識する結果をもたらすのだろうか？　あるいは歯の痛みを感じるのはどのようにしてだろうか？　この質問は哲学者のデイヴィッド・チャーマーズが意識の**ハードプロブレム**と呼んだものである[22]．それは，私たちが考えるかもしれない他の質問とは違った次元の難しさである．チャーマーズは彼の本 *The Conscious Mind*（『意識する心』）の前書きでこのように言った[23]．

> 意識は最大のミステリーである．それはおそらく私たちの宇宙の科学的理解に対する私たちの探究における最大の未解決の障害である． ── 脳のような物理システムがどのようにして経験者にもなるのだろうか？

　ハードプロブレムに対処する1つの方法は降伏することである．これは**神秘主義者**（mysterian）の対応である．彼らのポジションは，単純にヒトの脳を持つ私たちが意識の主観的な経験を起こしているものを理解することはいつまでも基本的にできないというものである．このアイデアは偉大な生化学者，ジャック・モノーの発言で暗示されていた[25]．

> 論理学者は人間の脳の全機能を "理解" しようと努力している生物学者に，それは失敗が運命づけられていると言いたくなるだろう．なぜなら，どんな論理システムもそれ自身の構造の統合的な記述を生み出すことができないからである．

これが論議を研ぎ澄ますのか，さらに混乱させるのかについては読者に委ねよう．

強い AI

ジョン・サールは，意識の問題に対してまったく違った対応を考えている．これは彼が**強い AI**（strong AI）と呼ぶものである[26]．それは，どのコンピューターも正しいプログラムを走らせれば脳と同じように"意識がある"ようになるという見方である．単純な話である．これはニューロンの微小管での量子力学あるいは"ピクシーダスト[27,1]，"あるいはさらに言えばチャーマーズが"新しい物理学"というカテゴリーにまとめているもののような秘密の成分は脳にはないということを主張している[28]．

サールは，それに対する最良の論議と一般的に考えられているものを提案する上で**強い AI** という用語を導入した．その議論は"中国語の部屋"の議論として知られている[29]．それは次のような思考実験である[30]．強い AI の精神から，中国語を理解するなどの意識のある側面を取り入れたコンピューターのプログラムから始めるとしよう．中国語を喋らない悪魔を部屋に閉じ込める．そしてこの悪魔はプログラムを読み解き，紙切れを使って一度に 1 つの命令を実行する．何百万や何十億の命令が続いても気にすることはないし，悪魔が中国語の記号が何を意味するのか知らないことも気にしない．これは思考実験なのである．悪魔は，紙切れにまったく理解できない中国語で書かれた質問を受け取り，プログラムの対応する命令を見て，これもまた中国語で書かれた回答を返す準備ができているのである．中国語を喋る人が部屋に着き，中国語で書かれた質問をドアの投函口から投げ入れ，悪魔はこれもまた中国語で書かれた回答を返す．

ここで，中国人の訪問者に関する限り，中国語の部屋は中国語を理解している．しかし，悪魔は中国語を完全に何も知らない．したがって議論は進む．プログラムを実行することは，中国語を理解するのに十分ではないし，実際何も理解していない．サールはこのようにして，一般的にプログラムを実行することで意識を生むことはできないとこのように議論している．

訳注：もとは，ディズニー映画「ピーターパン」に出てくるティンカーベルが振りまく魔法の粉（妖精の粉）のこと．

強い AI の擁護論者は，中国語を知っているのはその**悪魔**ではなく，部屋とプログラムと悪魔の**システム**（*system*）だと応じている．強い AI の支持者は，そのシステムが意識を持っているとし，反対者はその結論はばかげていると思っているが，チャーマーズはこの点を袋小路だとみている．チャーマーズは実際，強い AI を支持し，この袋小路を打開する議論を実際に続けている．しかし，私たちはこの最も満足のいかない答えのない状態で，意識の問題を今は離れなければならない．安心してほしい．これはあまりに興味深く重要な問題なので，私たちがどこかに行ってしまうことはない．

12.9 価値観の問題

火星の植民地から逃げている危険なアンドロイドや仮説上の中国語の部屋の話にもかかわらず，これらの議論には重要な結論がある．私たちの質問に対する答えは重要である．たとえば機械が意識を持つことができ，さらに痛みを感じ苦しむことができるとしよう．すると，私たちは人間として，少なくともその苦しみを考える道義的責任を持つ[31]．私たちの文化や遺伝子は数十億年にわたるダーウィンの自然選択説の産物であり，これは私たちの魂，愛，苦痛，そして共感を説明するのと同様に，道義的責任も説明している．

一方，私たちはロボットを一から設計するだろう．それらに道義的な指針を提供するのは私たち次第である．その実績はあまり芳しくない．しかし，それは私たちがSF から非常に多くの行動や衝突を予期しているからかもしれない．チャペックのロボットは反乱を起こし，人間にとって代わった．ディックのアンディーは確かに危険だったし，完全に共感を欠いているという違いがあった．アイザック・アシモフは，"堂々めぐり（Runaround）"という短編小説で，この問題を"ロボット三原則"を示して掲げた[32]．

1. ロボットは人間に危害を加えてはならない．また，その危険を看過することによって，人間に危害を及ぼしてはならない．
2. ロボットは人間に与えられた命令に服従しなければならない．ただし，与えら

れた命令が，第 1 条に反する場合は，この限りでない．

3. ロボットは，前掲第 1 条および第 2 条に反する恐れのないかぎり，自己を守らなければならない[m]．

　私の考えでは，ポストヒューマンが私たちの文化的遺産のようなものを楽しむのを手助けするために，これは良い出発点だが十分なものではないと思う．将来のロボット製造者に，ロボットを私たちの子供たちと同じように考えるように願おう．つまり私たちが私たちの生物学上の子供たちに惜しみなく与えるのと同じように，ロボットにも惜しみなくモラルや芸術の教育への注意を同じように払ってほしいのである．それらは私たちの文化的遺産と価値観を不可思議な将来の世紀へと伝える責任を負うだろう．私たちはロボットが人間由来であることを誇りに思い，彼らが私たち特有の人間の価値観を守ることを保障するようにしたい．

　私たちの最も充実した楽しみを考えよう．もちろん愛，そして芸術がある．しかし考えるに，発見すべき基礎的な科学の法則がとても少ししかないように見えるのは悲しい事実である．いったんそれらが発見されれば，楽しみはなくなってしまう．ニュートンは，すべての物体の動きが単純な重力の法則によって支配されていることをエレガントなやり方で発見し，彼はそれによって進みの遅い仲間たちの喜びを奪った．そしてアインシュタインは，特殊相対性理論と一般相対理論を見つける際に，言うまでもなく光電子効果も説明した．しかしもし許されるなら彼は少し貪欲だったと言えるだろう．

　一方ストラヴィンスキーは，たとえば *Rite of Spring*（『春の祭典』）を作曲する機会を誰からも本当に奪わなかった．誰か他の人が独立に特定の作曲，あるいはそれと似たものにたどり着く可能性は限りなく低い．もちろん同じことがすべての偉大な画家にも，作曲家にも，そしてどんな種類の芸術家にも言える．彼らの創造的な仕事は，単にある特定のゴールに向けた競争への参加と見ることはできない．単に，あまりに多くの絵画，オペラ，交響曲，そして小説があり，競合の問題を心配する必要はない．この意味で芸術は長い目で見れば科学よりはるかに良い．私たちと私たちの子孫 —

[m] 訳注：アイザック・アシモフ（小尾芙佐 訳），『われはロボット』〔決定版〕—アシモフのロボット傑作集—，ハヤカワ文庫 SF，2004．

アナログ，デジタル，あるいは，それらの混在（人間，アンドロイド，あるいはそれ
ら両者の社会）— は，創造し楽しむ芸術を使い果たすことはない．

　偏見なく思索していくことも境界にたどり着いたか，あるいは，多分それを超えた
ので，読者に陽気に別れを告げるときが来たようだ．しかし，たった今亜空間伝送を
傍受した中身を読者に残したい．

エピローグ

傍受

ガンマ73地区より，ある退屈な炭素ベースの二足動物からメッセージが来ている．どうも何かを売りに出しているらしい …… ここで，ある種のデジタル電子ロボットのせりを行っているようだ．

［その受信したサロンに集まったグループからの笑い声］

ふーむ，何か面白そうなものがある …… 彼らが"猫"と呼んでいる動物の遺伝情報だな．多分，私たちの特注のパーソナルガイドに似ているが，共感や言語能力がないようだ．

［さらなる笑い声］

ここに何があるのかな？ …… "フルート"と呼ばれる魅力的な楽器についてのもの．彼らが"モーツァルト"と呼ぶ者によって書かれたもの．それは彼らが"オーディオ"と呼ぶ形式のようで，私たちには翻訳する必要のある周波数領域だな．

［そのグループは新たに注意を払いながら短いサンプルをダウンロードし，彼らの聴覚範囲に合わせてヘテロダインを施して聞いている．そのあと水を打ったような静けさ．］

素晴らしい！ もっとそれを聞きたい． …… 議会の承認を得て，たとえば重力ロボットの設計図と**魔笛**（*Magic Flute*）全曲の交換取引を申し込もう．

［喝采］

結局，ガンマ73地区で誰か貴重な取引相手が見つかったようだな．

注

第1章　離散革命

1. 1830～40年代のチャールズ・バベッジの機関のような，暗闇の中のいくつかの先駆的な輝きのことはしばらく置いておく．第9章でバベッジに戻る．

2. これらの巨大なものを家に引きずっていくのを助けてくれるよう友人たちとちょっとした交渉をしたが，私にはこれらの宝物を納める秘密の地下実験室という贅沢品があった．

3. Khan（1991）．

4. Basdevant（2007）p. 6は，量子力学の，主観的で，楽しく，入門的な論じ方である．しかし，それは数学的で，エコール・ポリテクニークでの講義録であることに注意されたい．

第2章　アナログのどこが問題か？

1. 歪みもまたノイズによる毀損の1つの形であることに注意せよ．

2. それはB.J. ジョンソンによって発見され，最初に測定されたので，**ジョンソンノイズ**とも呼ばれる．Johnson（1928）を見よ．H. ナイキストは，その学会誌の同じ号に掲載されたジョンソンに続いた論文で，熱力学と統計力学を用いてその現象を説明した．Nyquist（1928b）を見よ．科学を機能させるためには，実験家と理論家の両方が必要である．

3. いくつかの興味深い歴史として，アインシュタインの導出の記述や，近代の道具（電荷結合素子，すなわちCCDカメラ）を用いたペランの実験の再現の記述などがある．Newburgh et al.（2006）を見よ．

4. あまりにちょっとしか仮定していないということは承知の上で，メートル法の接頭辞であるピコ，ナノ，マイクロ，メガ，ギガ，テラは，それぞれ，1兆分の1，10億分の1，100万分の1，100万倍，10億倍，1兆倍を意味し，科学的記法では10^{-12}，10^{-9}，10^{-6}，10^{6}，10^{9}，10^{12}となる．

5. 実用的な電子設計のバイブルであるHorowitz and Hill（1980）が言っているように．

6. ショットノイズの相対的な大きさもまた，関係のある特定の信号に存在する周波数の範囲によっている．ホロウィッツとヒルの例では10,000 Hzで，高品質の電話に適した帯域である．信号の周波数成分については引き続き議論する．

7. Press（1978）は，クエーサーがいかにそのような途方もない量のエネルギーを放射できるのかに興味を持った．結論から言えば，$1/f$ノイズよりもクエーサーの力を理解する方により進展が見られてきた．

8. $1/f$ノイズに関する面白く技術的ではない記事は，Gardner（1978），マーティン・ガードナーによる1978年4月の*Scientific American*（『サイエンティフィックアメリカン』）の**数学的ゲーム**のコラムを見よ．また，もっと技術的な文献もある．たとえばMilotti（2001）は，

フラクタルとの関係についてのいくつかを含んだ 84 本の参考文献を挙げている.

9. コンピューターミュージックの歴史家は，そのプログラムが作曲家のゴッドフリー・ウィンハムによって書かれたことを知るべきである.

10. あるいは，機械（やや扱いにくい紙テープリーダー）によってスキャンしテキストに変換するだろう.

11. 競馬ファンならそれは 1 ハロン （furlong）[a] につき 1 ビットである.

第 3 章　信号の標準化

1. この話題に関するアーサーの書き物で初期の特徴的なものは Lo（1961）を見よ.

2. 少なくとも空間と時間は，私たちが知る限り連続である．宇宙が本当は離散的でそれ自身がコンピューターかもしれないというアイデアは，古いもので，私たちの視野を越えている．しかし，もし宇宙が離散的なら極小の世界でもそうであり，今までにその事実が物理的な実験で発見されていただろう．現在の議論では，世界は実際アナログであると仮定できる．このアイデアのいくつかの非公式な議論については，後ほど言及しなければならない Feynman（1982）を見よ.

3. 時折信号の**復元**（*restoration*）とも言われる.

4. 本章でのコンピューターの論理への私のアプローチは，Schaffer（1988）によっている．シェーファーは，現代のコンピューターがどのようにバルブという 1 つの構成要素から階層的に 1 つずつ構築できるのかについて，ある程度詳しく示している．これは初級コースで普通使われる教科書ではないが，神秘を解く力作である.

5. Thomson（1897）.

6. 電子は負に荷電されており，電流の向きは一般に正の電荷の流れる方向によって定義される．したがって，真空管のダイオードでの**電流**は，実際プレートからフィラメントに向けて流れる.

7. De Forest（1908）.

8. コンピューターサイエンス業界の俗語を使えば，私たちはバルブを " ブラックボックス " の中に置いている.

9. これは常識であるが，ド・モルガンの法則の例でもある．NOT を論理式に適用すれば，変数を NOT 化し，AND を OR に，OR を AND に変更する.

10. 再び Schaffer（1988）の極度に倹約した計画に従うが，むしろ大雑把に従う.

11. Zuse（1933）.

12. Lavington（1980），pp. 6-7.

13. 最初の例として，たとえば Goldstein（1972）を見よ.

14. Zuse（1933），pp. 62-63.

---

[a] 訳注：1 ハロン＝ 220 ヤード＝ 660 フィート＝約 201.168 メートルである．ハロンは競馬でよく使われる単位である.

第4章　重要な物理学

1. 第2章で，$1/f$ ノイズとの関連で議論したように．

2. Hermann（1971），p. 23 に引用されている．その手紙はロバート・ウィリアムス・ウッドに宛てて 1931 年に書かれた．

3. Hermann（1971），p. 11．

4. エネルギーが連続した範囲の値をとることの**できる**場合があるが，ここではそれを心配する理由はない．

5. Arons and Peppard（1965）からの翻訳．

6. 適切な単位を使って，詳細を説明しよう．

7. 実際には，不確定性原理によって下から抑えられるのは位置と**運動量**の積で，それどころか，この原理はもっと一般的である．しかし，私たちの目的では，運動量は質量と速度の積で，運動量と速度を入れ換えて話すことができる．

8. Gillespie（1970），演習問題 61，p. 108 より．ギレスピーの本は学部用の微積分を使った入門的教科書である．しかし，予備知識があるならば，量子力学の本質的な構造についての素晴らしい入門書であり，明快さの手本である．

9. もちろん，稲妻は別物である．

10. ここでの議論は高度に単純化されているが，犯罪的なほどひどくは単純化されていないことを望んでいる．原子の中の電子の配置を支配する規則を説明するには，量子力学の半期分の授業を受ける必要がある．

11. そして 2 個の中性子を持つが，電荷はない．ここでは中性子のことを心配する必要はない．

12. 大学の 1 年生の化学を思い起こせば，これらは共有結合と呼ばれる．

13. 同じ荷電は反発し，反対の荷電は引き合うことを思い起こそう．

14. したがって，トランジスターは n-p-n 型か p-n-p 型である．

第5章　あなたのコンピューターは写真である

1. Feynman（1960）．

2. **マイクロ写真**はサイズが大幅に縮小された写真である．**顕微鏡写真**はとても小さな物体の写真である．

3. Stevens（1968）．

4. Technion, Israel Institute of Technology（2015）．

5. 彼らは，1 冊の完全なヘブライ語の聖書を 0.5mm 四方の砂糖粒のサイズくらいにエッチングしたと実際に報告している．

6. Stevens（1968）．

7. Günther（1962）．

8. μm，すなわち**ミクロン**は 10^{-6} メートル，つまり 100 万分の 1 メートルである．nm，すなわちナノメートルは 10^{-9} メートル，つまり 10 億分の 1 メートルである．

9. Moore（1965）．

10. Gamow（1947）．

11. Asimov（1971）にある.

12. 少なくとも祖母が私にくれた戦争債に対して行った.

第6章 ビットからの音楽

1. *IBM 704*（1954）.

2. "コアダンプ[b]"という言葉を不思議に思っているとしたら，それはこの時代に起因する. 将来の世代は"ダイヤルトーン"とか"カーボンコピー"（"cc:"に見られるように），もしくは"フィルム"でさえも似たような時代遅れのもの（アナクロニズム）として頭を抱えるかもしれないと予期する.

3. この話をデジタル信号処理の歴史についての記事の中で述べた. Steiglitz（2005）を見よ. この記事はより技術的な詳細と，後ほど戻るより一般的な視点を含んでいる.

4. 本章の終わりでもう1つの同型写像に触れよう.

5. たとえば Yu（1984）を見よ.

6. ある点を越えると周波数成分が**完全に**ゼロである信号というのは数学的な抽象である. 実際は，レベルが小さすぎて，避けられないノイズに圧倒される場合，その周波数成分は無視する.

7. Feynman（2006）.

8. Steiglitz（1996）を見よ. ここで私は，多かれ少なかれ同じ議論をしている. その本はデジタル信号処理への優しい入門を意図しているが，多くの数学的予備知識が必要である.

9. 私は詳しいわけではないが，ナイキストはスウェーデンに生まれ，"ハリー"は彼の名である.

10. 少なくとも理論的で，完全に正確なサンプリングの過程で.

11. シャノンはその結果がすでに数学者に知られていたとも指摘しており，Whittaker（1935）を参照している.

12. Steiglitz（1965）を見よ.

第7章 ノイズの多い世界での通信

1. Khinchin（1957），p. 30.

2. たとえば Cover and Thomas（1991）.

3. 私の議論は Raisbeck（1964）によっている. この本は古典的な薄い本で，洞察や直感に訴える例に満ちている.

4. 1兆（trillion）は 10^{12} である.

5. あなたのスマートフォン（超小型のトランジスターでできていることを思い出そう）で私の計算を確かめたいとすれば，情報量は底が2の1兆の対数から，1兆より1小さい数の対数を引いたものである.

6. 適切な数学的な語法に従えば，**平均**の代わりに**期待値**という用語を使わなければならないが，

---

[b] 訳注："コアダンプ"とは，コンピューターが異常終了したときなどに，その原因解析（デバッグ）のために，主記憶の内容をすべてファイルに書き出すか，印刷すること. 1950年代に主記憶には磁気コアメモリーが使われていたことから来た呼び名.

その違いは無視することにする.

7. ボルツマンはそれに対して困難な時間を過ごし,最後には彼の理論が遭遇した抵抗に絶望して首を括った.ウィーンにある彼の墓碑に式 "$S = k \log W$" が彫られているのはある小さな償いだろう.この式はたとえば,W 個の同様に確からしい状態を持った気体のエントロピーを表している.これはすべてが同様に勝つ確率を持った W 頭の馬による競馬のエントロピーの類推である.

8. Gamow（1947）.

9. エントロピーのようなものについて書かれている価値があって面白い最近の適例については,Ben-Naim（2015）を見よ.

10. この意味で,**符号化**（code）という単語は情報の 1 つの形からもう 1 つの形への翻訳を意味する.この言葉はまた,コンピューターが実行する命令を指すという別の意味でも使われる.

11. 時折,**シャノンの第二定理**とも言われる.第一定理は情報源符号化定理である.

12. 実際,厳密性と力強さ,そしてエレガントさを増していった,一連の証明があった.

13. その時代の標準的な教科書である Gallager（1968），p.12 より.

第8章 アナログコンピューター

1. 歯数 19 の歯車が 235 回転すると,その歯は全部で 19×235 の刻み分だけより大きい歯数の歯車と噛み合うことに注意すれば,このことはすぐに分かる.各歯車に噛み合う歯の総数は同じでなければならない.さもないと歯は噛み合わないことになる.したがって,歯数 235 個の歯車は同じ周期で 19 回転しなければならない.

2. その発見の初期の詳細な説明や最初の復元と解釈,そして歯車や時計仕掛けについての広範な背景については Price（1974）を見よ.

3. アーサー・C・クラークのよく知られた 3 番目の法則を思い起こそう."十分に進んだ技術はどれもマジックと見分けがつかない."

4. なぜなら滑車の両側とも同じ距離を動かなければならないからである.

5. Feynman（1988），p. 94.

6. 私たちの定義では,指を使って数えるのはデジタル計算と見なすべきであることに注意しよう.

7. フィリップスは,失業とインフレーションに関連した**フィリップス曲線**（*Phillips curve*）で後によく知られるようになった.

8. Swade（1995）の記述に従っている.著者のドロン・スウェードは,これを書いたとき,ロンドンの科学博物館で計算技術と情報技術の上級学芸員として勤めており,そこではファイナンスファログラフが常設展示されている[c].

9. Thomson（Lord Kelvin）（1878）.

10. ウィルバーの論文については Wilbur（1936）を見よ.引用は MIT Museum（2011）より.

11. **コンピューター**という用語は,計算する機械を意味するようになる前には計算する人を意味していた.1940 年代までは,マンハッタン計画に必要な計算のように,重要な科学計算は,機

---

[c] 訳注:ロンドンの科学博物館では Phillip's Economic Computer として収蔵されている.https://collection.sciencemuseumgroup.org.uk/objects/co64127/phillips-economic-computer-analog-computer

械的な計算機（calculator）の前に座っていた部屋いっぱいの人間のコンピューターに任されていた.

12. Püttman (2014).

13. Thomson (Lord Kelvin) (1878), p. 483n.

14. ウィルバーは 1,000 個以上のボールベアリングの滑車を使った. 想像するにそれらはすべてよく油が注がれていただろう. 彼の Singer Sewing Machine Company（シンガー織物機械カンパニー）の社長からの援助に対する謝意は, おそらく決して達成されることのない技術の夢をうかがわせる.

15. 連立線形方程式だけではなく, すべての種類の方程式を解く機械に関する初期の幅広い概説は, Frame (1945) を見よ. 変数に制約を入れた連立方程式を含んだ問題（**線形計画問題**）を解く機械については, Sinden (1959) を見よ.

16. この問題の歴史やその名前に関する議論, そしてその多くのバージョンについての豊富な材料については Hwang et al. (1992) を見よ.

17. Courant and Robbins (1996). もともとは 1941 年に出版されたが, 今は最近の発展についてイアン・スチュアートにより書かれた新しい章が付けられた第 2 版が出ている. 石鹸の泡や石鹸膜を使って遊ぶのは, 子供にとってはもちろんのこと大人にとっても楽しい（が厄介な）科学プロジェクトである.

18. Aaronson (2005) には, これらの線に沿った実験に関する報告や, アナログ計算とデジタル計算の相対的な能力に関するより一般的な問いについての幅広い議論も含まれている.

19. また**傾き**, もっと数学的に言えば**微分**とも呼ばれる. 初期の機械式計算機器や一般のアナログコンピューターに関する優れた概説は Bromley (1990) を見よ.

20. $f(x)$ という記法に慣れていないなら, $f(x)$ を "x に依存する何か" と考えればよい.

21. Shannon (1941).

第9章 チューリングマシーン

1. マンハッタン近郊のニュージャージー州の刺繍産業の歴史とその凋落の物語については Pristin (1998) を見よ.

2. これらの推定は Essinger (2004) による. この本には, ジャカール, 彼の先人, そして彼のパンチカード制御がコンピューターの発展に与えた影響などについてさらなる情報がある.

3. Essinger (2004).

4. 自叙伝に最も近いものとしては Babbage (1994) を見よ.

5. Babbage (1994) の序文からの引用だが, これは Babbage (1989a) を参照している.

6. 有限差分法（calculus of finite differences）と呼ばれるものを使っている. Miller (1960) は大学生レベルの歯切れのいい教科書である.

7. たとえば Hyman (1982) や Essinger (2004) を見よ.

8. http://www.computerhistory.org/babbage/engines（2017 年 5 月 15 日にアクセス）を見よ.

9. Collier (1970) を見よ. この博士論文はバベッジの草稿や "走り書きの本（Scribbling

Books)[d]”から引き出されたとても価値のある技術的で年代順の詳細を述べており，この説明を書くのに私が依拠した資料である．

10. 特許に関しては Rosenberger（1960）を見よ．

11. Menabrea（1842）．

12. しかし，たとえば Essinger（2014）や Wooley（2015）など，現在入手可能なラブレースに関して書籍での優れた取り扱いを見よ．彼女の広範囲にわたるバベッジとのやりとりが残っており，非常に技術的なものもあれば，空想的なものもある．とくに，バベッジと知り合ってほんの2ヶ月余りしか経っていない1843年8月14日の長く意義深い手紙を見よ．それは Essinger（2004）の付録2に完全に再録されている．彼女は苦しみ，若くして亡くなった．彼女は一言で言えばバイロン的だった．

13. メナブレアの論文のラブレースによる翻訳は，彼女の注釈付きで Menabrea（1843）として出版され，Babegge（1989b）で完全に再録されている．

14. バベッジの階差機関との関連で出てきたベルヌーイ数が有限差分法の中で中心的な役割を果たすことは驚きではない．たとえば Miller（1960）を見よ．

15. 右方向には無限に伸びるが，左方向には有限で固定された終端があるテープを使用するチューリングマシーンの定義もある．また，どのようにそのテープが最初に準備されるかという問題もあるが，テープには任意の特定の問題に対する入力データが前もって書かれており，その入力データは有限の量しかないとつねに仮定する．実際，その構成における詳細の多くが，コンピューターサイエンティストによって違っている．次の章で議論するように，これらの詳細のどれも重要ではないことが分かる．

16. Turing（1936）では，**状態**（state）に対して**コンフィギュレーション**（configuration）という用語を使っている．

17. 実際，セルラーオートマトンのセルの中身は，通常はすべて同時に更新される．しかし，これらの詳細はここでは重要でない．セルラーオートマトンに関するより多くの詳細は Wolfram（2002）を見よ．彼はそこで驚くべき“規則 110（Rule 110）”マシーンを記述している．それは，理論的にはチューリングマシーンと同じくらい強力だが，そのヘッドでたった3つのセルのみをスキャンする．

18. von Neumann（1966）．

第10章　本質的な難しさ

1. どの深さでも計算複雑度の分野は通常，学部上級レベルの半期の講義で紹介される．本章での非公式な概説は，適度に技術的な Papadimitriou and Steiglitz（1982）の線に沿ったものである．計算複雑度のみに注目した標準的な学部の教科書としては，Papadimitriou（1994）や Sipser（1997），あるいは大学院生レベルでは Arora and Barak（2009）を見よ．

2. ソ連で生まれ，現在はアメリカへ移住しているレオナルド・レビンは，クックの主要な定理を

---

[d] 訳注：バベッジの走り書きを集めた Scribbling Book と呼ばれるものがある．https://www.cambridge.org/core/books/abs/babbages-calculating-engines/list-of-scribbling-books/B9D4D68D22B3B6BCA3F0FAF2BD6668EE

独立に発見したが，発表はクックの後になった．私たちが“クックの定理”と呼ぶものは，しばしば“クック・レビンの定理”とも呼ばれる．

3. 技術的に言えば，問題の事例の大きさが成長する際の**漸近的**（*asymptotic*）時間計算量．

4. **シミュレーション**の定義は本章の目的に合致しているが，これは精度の問題が生じないデジタルコンピューターに対してのみ適切である．アナログ機械に関連してこの用語を使うときは，次章で行うように，シミュレーションしている機械がシミュレーションされる機械の挙動と，与えられた精度で計算時間が指数関数的な爆発を起こすことなく合致することを意味する．

5. 論理に対するこの言語はジョージ・ブールによって19世紀半ばに発明され，その式を操作するシステムは**ブール代数**と呼ばれる．クロード・シャノンはコンピューターの論理回路や電話のスイッチング回路の設計にそれをうまく使った．たとえばShannon（1938）を見よ．これは彼の修士論文を要約したものである．

6. いつものように，合理的なサイズのパラメーターの長さに関する多項式である．SAT問題では，入力のCNF式の長さである．

7. この問題のクラスに対するNPという名前は**非決定性多項式**（*nondeterministic polynomial*）から来ており，**非決定性**（*nondeterministic*）チューリングマシーンと呼ばれるチューリングマシーンの想像上の種類のものが，証明を本質的に推測できるという事実を指す．

8. ウェブサイト http://www.math.uwaterloo.ca/tsp/（2017年9月26日にアクセス）は巡回セールスマン問題とその歴史についての豊富な情報源であり，プロクター・アンド・ギャンブル社のコンテストの詳細も含んでいる．また，楽しいツアーはCook（2012）を，現在のコンピューターでの解法の詳細はApplegate et al.（2011）を見よ．

9. もちろん，主要な議論の大まかな筋しか与えていない．詳細については，たとえばPapadimitriou and Steiglitz（1982）を見よ．

10. 実際，ここで要約された議論は，因数に3つより多くの変数を持つことのできるCNFを使っているが，より一般的な問題は3-SATに多項式的に帰着できる．

11. Karp（1972）．

12. カープとクックの使った帰着の種類には技術的な違いがあるが，その違いはここでは心配に及ばない．

第11章　魔法を探して

1. Garey and Johnson（1979）を見よ．初期のものだが素晴らしく，いまだに広く使われているNP完全問題のコレクションである．分割問題（PARTITION）もまた，Karp（1972）のもともとの21個の問題の1つである．

2. この例は，最初の4つの整数の和が最後の3つの和と等しくなるように作った．人生はいつもこのように簡単とは限らない．たとえば，もっと広い範囲をカバーする数千の整数の集合を想像してみよう．

3. この機械はSteiglitz（1988）で記述し，ここで行ったように正体を明らかにした．

4. 確かにこのことは早くから認識されており，たとえばvon Neumann（1958）で指摘された．微積分をある程度知っている読者は，部分積分を使うのがコツである．ラジオ受信機は乗算器

や積分器を使っていないが，ダイオードのような非線形回路の装置に信号を通すというミキシングを実装するための第3の方法を使っている．

5. Vergis et al. (1986)．ヴェルジスの機械の精神的な祖先は，尊敬されている Delvish Hazaroglu（デルヴィシュ・ハザログル）によっても記述されている (Papadimitriou (2005), p. 262 で引用)．

6. Lee (1999)．

7. Main (1994, 2007)．

8. Aaronson (2015)．

9. Markov (2015) はこの論文に対する批評を提供している．Traversa et al. (2015) での機械の基本的なアイデアは，上述した分割問題の機械で使われたものと実際に同じである．

10. 停止する10進表現を持つどの数も，チューリングマシーンで書き出すことが可能である．したがって必然的に，停止しない10進展開を持った実数について話しているのである．

11. チャーチ＝チューリングのテーゼは，しばしばチャーチのテーゼと呼ばれる．それは誰が呼んでいるかによっている．

12. たとえば Olszewski et al. (2006) にある論文のコレクションを見よ．

13. Vergis et al. (1986) では，**強いチャーチのテーゼ** (Strong Church's Thesis)，そして Arora and Barak (2009) では，**チャーチ＝チューリングのテーゼの強い形式** (Strong Form of the Church-Turing Thesis) とも呼ばれた．

14. 理論的なコンピューターサイエンスの世界では，ランダム性を許したときに自然に P に対応する問題のクラスは BPP と呼ばれ，これは *bounded-error probabilistic polynomial time*（誤り制限付き確率的多項式時間）から頭文字をとったものである[e]．

15. この仮想実験の背後にある物理は，実験室で何回も，いろいろな条件のもとで，説得力を持って検証されてきた．

16. Peebles (1992) pp. 252ff は，ベルの仮想実験に非常によく似たバージョンがユージン・ウィグナーによるものであるとしている（引用はない）．量子力学の世界観に対するファインマンの初期の不安も含めたベルの定理がなかなか評価されなかった経緯については，Freire (2006) を見よ．

17. Einstein et al. (1935)．

18. Nabokov (1955) の後注で，ナボコフはカッコ付きの文章で現実の幻のような性質についてコメントしている．"'現実（reality）'引用符つきでなければ何の意味も持たない数少ない用語のうちの1つ)．"量子力学を議論する際，彼の警句を尊重することはとくに重要なようだ．

19. "ブラックボックス"はエンジニアや科学者の間でそのような装置に対する伝統的な用語である．

20. 偉大な物理学者ポール・ディラックによって**ブラケット**（*bra-ket*）記法は名づけられた．

21. 技術的な詳細は多くの場所で説明されている．最も分かりやすいものは Preskill (1998) の講義録である．

---

[e] 訳注：確率的チューリングマシーンによって，誤り確率がたかだか 1/3 で，多項式時間で解ける決定問題の複雑性クラスである．

22. Shor（1994）.

23. Rivest et al.（1978）.

24. より進んだ読者は，Baker et al.（1975）や Bennett and Gill（1981）のよく知られたオラクルの結果を参照されたい.

25. たとえば Bennett et al.（1977）を見よ.

26. 生体分子レベルで構成され得る汎用コンピューティングシステムの概説は Benenson（2012）を見よ.

27. ニューロンやそれらがどのように相互作用するのかについては莫大なことが知られている．G. Y. ブザッキが適切な環境では単純なゲートのように振る舞うことができるニューロンのタイプがあるというアイデアを強固なものにしてくれたことに感謝している．このテーマに対して，とくに専門の文献を見るなら Freund and Buzsáki（1996）を見よ.

28. ここで私は，脳が量子力学的な法則に則って動いている可能性については無視している．これは推測の域を出ないし議論もありそうだが，私の見たところその可能性は薄いと考えている．この問いについては次章で戻ることにする.

29. Steiglitz（1959）で，私は軽率な学部学生としてシンギュラリティーのような何かについて書いたが，当時新しいアイデアでなかったことは歴然としている.

第 12 章　インターネット，そしてロボット

1. 次に議論するベルのフォトフォンの優れた歴史について，Hutt et al.（1993）によっている.

2. ベルは明らかにこのアイデアすべてに興奮しており，これを彼の最大の発明と考えた．Hutt et al. の論文には，彼が新しく誕生した 2 番目の娘に "フォトフォン（Photophone）" と名付けようと考えたが，考え直し，多分その子のためには幸いであったと書かれている.

3. この執筆中は，週に 3 回 http://technews.acm.org/ にアクセスした．ACM（American Computing Machinery）は最有力のコンピューターの専門家組織である．**機械**（*machinery*）という言葉をその名前に使っているのは，ある人たちにとっては古風で趣があるように思われるかもしれない．しかし，私はとくにそれが好きだ．なぜなら，それはコンピューターとして考えられるものを広く認めているからである.

4. ここではとても一般的な頭字語の AI を使った.

5. 本章では，しばしば**脳**（*brain*）という単語を**人間の**（*human*）脳の意味で使っている．控えめにいっても，私たちの知る最良の脳である.

6. 私たちは**ニューロン**という用語を自然の（生物学上の）ものと人工的な（ソフトウェアの）ものの両方を指して使っている.

7. 今では機械による挑戦課題になっている仕事.

8. 機械はこの問題を扱うのに長い道のりがかかるようだ.

9. 古典的で影響力のある論文である McCulloch and Pitts（1943）は 20 世期半ばの考えを表している.

10. Skinner（1960）を見よ．ここで彼はそのプロジェクトに対する率直な，ある意味では予言的な評価を記している．第二次世界大戦は避けようがなかったようだ．それは大きな悲劇の時

代だったが，大きな科学的な刺激の時代でもあった．そして多くの形で，新しい時代の始まりだったのだ．

11. そのアイデアは一度も結実しなかった．ついでに言うと，鳩は"海岸の近くにある砂地の中から外へ，ブルドーザーでならされたあぶみの形をしたパターンで構成されたニュージャージーの目標"で訓練された．最後に彼は次のように嘆いている．"すべてのトラブルで，私たちは，もの珍しく使い道のない鳩小屋いっぱいの設備とニュージャージーの海岸の特徴に奇妙な興味を持つ数十羽の鳩を見せるしかなかった．"

12. 報酬について，スキナーは"鳩はとくにおいしそうな麻の種を見つけるように指示された"と記している．

13. Rothganger（2017）．

14. Gomes（2017）．

15. 各重み付けを調整するのに多くの操作が必要かもしれない．そのため，これは楽観的な評価である．

16. Avarguès-Weber and Giurfa（2013）を見よ．それは短く魅力的である．

17. Penrose（1989）．

18. 明白で厳しい批判は Koch and Hepp（2006）を見よ．

19. Čapek（1923）．種の間の紛争を描いたがロボットの代わりに山椒魚を扱ったもう 1 つのチャペックの作品は Čapek（1999）を見よ．愉快だが不気味な傑作である．

20. Dick（1996）．リドリー・スコット監督の 1982 年の映画『ブレードランナー』はこの小説に大まかに基づいており，**レプリカント**（*replicant*）という用語を代わりに使っている．

21. 意識に関する現在の研究のコンパクトな概説である Weisberg（2014）によっている．

22. Chalmers（1995）．

23. Chalmers（1996）．

24. Flanagan（1991）によって，1960 年代のロックバンド Question Mark and the Mysterians にちなんでそのように名づけられた．

25. Monod（1971），p. 146．

26. Searle（1980）．この論文はこれから議論する"中国語の部屋"の議論を導入していることで有名である．

27. ペンローズやハメロフに対するチャーチランドによる狙い澄ました学問的で辛辣な言葉．Churchland（1998）を見よ．

28. Chalmers（1996）．

29. Searle（1980）．

30. ここでは Chalmers（1996）に従っている．

31. たとえば Ridley（1996）を見よ．リドリーは進化の歴史に，相互扶助と相互協力に対する本能の起源を見つけている．

32. Asimov（1950）．

参考文献

Aaronson, S. 2005. NP-complete problems and physical reality. *SIGACT News Complexity Theory column*, March. 以下で入手可能. http://www.scottaaronson.com/papers/npcomplete.pdf, accessed August 26, 2016.

Applegate, D. L., R. E. Bixby, V. Chvatal, and W. J. Cook. 2011. *The Traveling Salesman Problem: A Computational Study*. Princeton University Press, Princeton, NJ.

Arons, A. B., and M. B. Peppard. 1965. Einstein's proposal of the photon concept—A translation of the *Annal der Physik* paper of 1905. *Amer. J. Phys.*, 33(5):367–374, May.

Arora, S., and B. Barak. 2009. *Computational Complexity: A Modern Approach*. Cambridge University Press, Cambridge, UK.

Asimov, I. 1950. Runaround. In *I, Robot*. Fawcett Crest, Greenwich, CT. もともと 1942 年に出版された. (邦訳)「堂々めぐり」, 『われはロボット〔決定版〕』(ハヤカワ文庫 SF, アシモフのロボット傑作集) 所収, 小尾芙佐 訳, 早川書房, 2004.

Asimov, I. 1971. *The Stars in Their Courses*. Doubleday & Company, New York. Originally published in *Magazine of Fantasy and Science Fiction*, May 1969. (邦訳) 『わが惑星、そは汝のもの』(ハヤカワ文庫 NF 25, アシモフの科学エッセイ 5), 山高 昭 訳, 早川書房, 1979.

Avarguès-Weber, A., and M. Giurfa. 2013. Conceptual learning by miniature brains, *Proc. Royal Soc. B*, 280, December 7, issue 1772, doi: 10.1098/rspb.2013.1907. 以下で入手可能. https://www.researchgate.net/publication/257598543_Conceptual_learning_by_miniature_brains, accessed August 27, 2022.

Babbage, C. 1989a. The science of number reduced to mechanism. In M. Campbell-Kelly, editor, *The Works of Charles Babbage*. W. Pickering, London, vol. 2, pages 15–32. もともと 1822 年に出版された.

Babbage, C. 1989b. *Science and Reform: Selected Works of Charles Babbage*. Cambridge University Press, Cambridge, UK. Introduction and discussion by A. Hyman.

Babbage, C. 1994. *Passages from the Life of a Philosopher*. Rutgers University Press, New Brunswick, NJ, and IEEE Press, New York. Originally published 1864. 以下で入手可 https://www.gutenberg.org/ebooks/57532

Baker, T., J. Gill, and R. Solovay. 1975. Relativizations of the P = ?NP. question. *SIAM Journal on Computing*, 4(4):431–442. 以下で入手可能. http://cse.ucdenver.

edu/~cscialtman/complexity/Relativizations%20of%20the%20P=NP%20
Question%20(Original).pdf, accessed August 23, 2002.

Bar-Lev, A. 1993. *Semiconductors and Electronic Devices*. Prentice-Hall, Englewood
Cliffs, NJ, third edition.

Basdevant, J-L. 2007. *Lectures in Quantum Mechanics*. Springer, New York.

Bell, J. S. 1964. On the Einstein Podolsky Rosen paradox. *Physics*, 1(3):195–200. 以下で
入手可能. https://cds.cern.ch/record/111654/files/vol1p195-200_001.pdf, accessed
August 23, 2022.

Ben-Naim, A. 2015. *Information, Entropy, Life and the Universe: What We Know and
What We Do Not Know*. World Scientific, Hackensack, NJ.

Benenson, Y. 2012. Biomolecular computing systems: Principles, progress and
potential. *Nature Reviews Genetics*, 13(7):455–468.

Bennett, C. H., and J. Gill. 1981. Relative to a random oracle A, $P^A \neq NP^A \neq$ co-NP^A
with probability 1. *SIAM Journal on Computing*, 10(1): 96–113. 以下で入手可能.
https://www.cs.toronto.edu/tss/files/papers/2abf44adf686e4d88dd956d969fb921cc
60f.pdf, accessed August 23, 2022.

Bennett, C. H., E. Bernstein, G. Brassard, and U. Vazirani. 1997. Strengths and
weaknesses of quantum computing. *SIAM Journal on Computing*, 26(5): 1510–1523.
以下で入手可能. https://arxiv.org/pdf/quant-ph/9701001.pdf, accessed August 23,
2022.

Blahut, R. E. 1987. *Principles and Practice of Information Theory*. Addison-Wesley,
Reading, MA.

Blausen.com staff. 2014. Medical gallery of Blausen Medical. *WikiJournal of Medicine*,
1(2), doi: 10.15347/wjm/2014.010. 以下で入手可能. https://upload.wikimedia.org/
wikiversity/en/7/72/Blausen_gallery_2014.pdf, accessed September 27, 2017.

Bromley, A. G. 1990. Analog computing devices. In W. Aspray, editor, *Computing
before Computers*. Iowa State University Press, Ames. 以下で入手可能. http://
edthelen.org/comphist/CBC-Ch-05.pdf, accessed September 13, 2016.

Bush, V. 1931 The differential analyzer: A new machine for solving differential
equations. *J. Franklin Inst.*, 212:447–488.

Čapek, K. 1923. *R.U.R. (Rossum's Universal Robots)*. Doubleday, Page & Co., Garden
City, NY. Translated from the Czech by P. Selver. (邦訳)『ロボット』(岩波文庫), 千野
栄一 訳, 岩波書店, 1989.

Čapek, K. 1999. *War with the Newts*. Catbird Press, North Haven, CT. Translated from
the Czech by E. Osers; もともと 1936 年に出版された. (邦訳)『山椒魚戦争』(岩波文庫),
栗栖 継 訳, 岩波書店, 1978.

Chalmers, D. J. 1995. Facing up to the problem of consciousness. *Journal of
Consciousness Studies*, 2(3):200–219. 以下で入手可能. http://consc.net/papers/

facing.pdf, accessed August 23, 2022.

Chalmers, D. J. 1996. *Conscious Mind: In Search of a Fundamental Theory*. Oxford University Press, Oxford, UK. (邦訳)『意識する心—脳と精神の根本理論を求めて』, 林 一 訳, 白揚社, 2001.

Churchland, P. S. 1998. Brainshy: Nonneural theories of conscious experience. In S. R. Hameroff, A. W. Kaszniak, and A. C. Scott, editors, *Towards a Science of Consciousness II: The Second Tucson Discussions and Debates*, pages 109–126. MIT Press, Cambridge, MA. 以下で入手可能. https://patriciachurchland.com/wp-content/uploads/2020/07/1997-Brainshy-NonNeural-Theories-of-Conscious-Experience.pdf, accessed August 23, 2022.

Collier, B. 1970. *Little engines that could've: The calculating machines of Charles Babbage*. PhD thesis, Harvard University, Cambridge, MA, August. 以下で入手可能. http://robroy.dyndns.info/collier/index.html, accessed August 20, 2022.

Cook, S. A. 1971. The complexity of theorem proving procedures. In Proc. *3rd ACM Symp. on the Theory of Computing*, pages 151–158. 以下で入手可能. https://www.inf.unibz.it/~calvanese/teaching/11-12-tc/material/cook-1971-NP-completeness-of-SAT.pdf, accessed August 17, 2022.

Cook, W. J. 2012. *In Pursuit of the Traveling Salesman: Mathematics at the Limits of Computation*. Princeton University Press, Princeton, NJ. (邦訳)『驚きの数学 巡回セールスマン問題』, 松浦俊輔 訳, 青土社, 2013.

Courant, R., and H. Robbins. 1996. *What Is Mathematics?—An Elementary Approach to Ideas and Methods*. Oxford University Press, New York, second edition. Revised by Ian Stewart. 以下で入手可能. https://www.cimat.mx/~gil/docencia/2017/mate_elem/[Courant,Robbins]What_Is_Mathematics(2nd_edition_1996)v2.pdf, accessed August 17, 2022. (邦訳)『数学とは何か〔原書第２版〕』, 森口繁一 監訳, 岩波書店, 2001.

Cover, T. M., and J. A. Thomas. 1991. *Elements of Information Theory*. John Wiley, New York. (第２版邦訳)『情報理論—基礎と広がり—』, 山本博資・古賀弘樹・有村光晴・岩本貢 訳, 共立出版, 2012.

De Forest, L. 1908. Space telegraphy. US Patent no. 879,532; filed January 29, 1907; issued February 18, 1908, 以下で入手可能. http://history-computer.com/Library/US879532.pdf, accessed April 19, 2016.

Deutsch, D., and R. Jozsa. 1992. Rapid solution of problems by quantum computation. *Proceedings of the Royal Society of London A: Mathematical, Physical and Engineering Sciences*, 439(1907):553–558. 以下で入手可能. https://www.isical.ac.in/~rcbose/internship/lecture2016/rt08deutsschjozsa.pdf, accessed March 13, 2023

Dick, P. K. 1996. *Do Androids Dream of Electric Sheep?* Ballantine Books, New York. Originally published 1968. (邦訳)『アンドロイドは電気羊の夢を見るか？』(ハヤカワ文庫SF (229)), 浅倉久志 訳, 早川書房, 1977.

Einstein, A., B. Podolsky, and N. Rosen. 1935. Can quantum-mechanical description of physical reality be considered complete? *Physical Review*, 47(10):777. 以下で入手可能. https://journals.aps.org/pr/pdf/10.1103/PhysRev.47.777, accessed August 23, 2022.

Essinger, J. 2004. *Jacquard's Web: How a Hand-Loom Led to the Birth of the Information Age*. Oxford University Press, Oxford, UK.

Essinger, J. 2014. *Ada's Algorithm: How Lord Byron's Daughter Ada Lovelace Launched the Digital Age*. Melville House, Brooklyn, NY.

Feynman, R. P. 1960. There's plenty of room at the bottom. *Caltech Engineering and Science*, 23(5):22–36, February. Transcript of a talk given December 29, 1959, at the annual meeting of the American Physical Society at the California Institute of Technology. 以下で入手可能. http://www.zyvex.com/nanotech/feynman.html, accessed June 19, 2016.

Feynman, R. P. 1982. Simulating physics with computers. *Int. J. Theor. Physics*, 21(6/7):467–488. Keynote address delivered at the First MIT Physics of Computation Conference, May 6–8 1981. 以下で入手可能. https://catonmat.net/ftp/simulating-physics-with-computers-richard-feynman.pdf, accessed August 23, 2022.

Feynman, R. P. 1988. *What Do YOU Care What Other People Think?: Further Adventures of a Curious Character*, as Told to Ralph Leighton. W. W. Norton & Company, New York. (邦訳)『困ります, ファインマンさん』(岩波現代文庫), 大貫昌子 訳, 岩波書店, 2001.

Feynman, R. P. 2006. *QED: The Strange Theory of Light and Matter*. Princeton University Press, Princeton, NJ. もともと 1985 年に出版された. (邦訳)『光と物質のふしぎな理論―私の量子電磁力学』(岩波現代文庫), 釜江常好・大貫昌子 訳, 岩波書店, 1987.

Flanagan, O. J. 1991. *The Science of the Mind*. MIT Press, Cambridge, MA, second edition.

Frame, J. S. 1945. Machines for solving algebraic equations. *Math. Comp.*, 1: 337–353.

Freeth, T., et al. 2006. Decoding the ancient Greek astronomical calculator known as the Antikythera mechanism. *Nature*, 444(30):587–591, November.

Freire, O. 2006. Philosophy enters the optics laboratory: Bell's theorem and its first experimental tests (1965–1982). *Studies in History and Philosophy of Science Part B: Studies in History and Philosophy of Modern Physics*, 37(4):577–616. 以下で入手可能. https://arxiv.org/ftp/physics/papers/0508/0508180.pdf, accessed August 17, 2022.

Freund, T. F., and G. Y. Buzsáki. 1996. Interneurons of the hippocampus. *Hippocampus*, 6(4):347–470.

Friedrichs, H. P. 2003. *Instruments of Amplification: Fun with Homemade Tubes, Transistors, and More*. Self-published; ISBN 0-9671905-1-7. 以下で入手可能. http://

www.hpfriedrichs.com/mybooks/mybooks.htm, accessed October 9, 2017.

Gallager, R. G. 1968. *Information Theory and Reliable Communication*. John Wiley, New York.

Gamow, G. 1947. *One, Two, Three ... Infinity: Facts & Speculations of Science*. Viking Press, New York. Revised 1961; reprinted Dover, 1988. (邦訳)『1.2.3…無限大』, 崎川範行・鎮目恭夫・伏見康治 訳, 白揚社, 2004.

Gardner, M. 1978. White and brown music, fractal curves and one-over-f fluctuations (Mathematical. Games column). *Sci. Amer.*, 238:16–32, April. 以下で入手可能. https://homes.luddy.indiana.edu/donbyrd/Teach/PapersEtcByOthers/ SciAmMathGames77_FractalMusic.pdf, accessed August 23, 2022.

Garey, M. R., and D. S. Johnson. 1979. *Computers and Intractability*. Freeman, San Francisco.

Gillespie, D. T. 1970. *A Quantum Mechanics Primer*. International Textbook Co., Scranton, PA.

Goldstine, H. H. 1972. *The Computer: From Pascal to von Neumann*. Princeton University Press, Princeton, NJ. (邦訳)『計算機の歴史—パスカルからノイマンまで—』, 末包良太・米口肇・犬伏茂之 訳, 共立出版, 1979；復刊 2016.

Gomes, L. 2017. The neuromorphic chip's make-or-break moment. *IEEE Spectrum*, 54(6):53–57, June.

Günther, A. 1962. Microphotography in the library. *Unesco Bulletin for Libraries*, XVI(1), January–February, Item I.

Hameroff, S., and R. Penrose. 1996. Orchestrated reduction of quantum coherence in brain microtubules: A model for consciousness. *Mathematics and Computers in Simulation*, 40(3–4):453–480.

Hameroff, S. R. 1994. Quantum coherence in microtubules: A neural basis for emergent consciousness? *Journal of Consciousness Studies*, 1(1):91–118.

Hecht, J. 2016. Great leaps of light. *IEEE Spectrum*, 53(2):28–53, February.

Hermann, A. 1971. *The Genesis of Quantum Theory (1899–1913)*. MIT Press, Cambridge, MA. Translated by C. W. Nash.

Horowitz, P., and W. Hill. 1980. *The Art of Electronics*. Cambridge University Press, Cambridge, UK.

Hutt, D. L., K. J. Snell, and P. A. Bélanger. 1993. Alexander Graham Bell's photophone. *Optics & Photonics News*, 4(6):20–25, June.

Hwang, F. K., D. S. Richards, and P. Winter. 1992. *The Steiner Tree Problem*. North-Holland, Amsterdam.

Hyman, A. 1982. Charles Babbage: *Pioneer of the Computer*. Princeton University Press, Princeton, NJ.

IBM 704 Manual of Operation. 1954. IBM, New York. 以下で入手可能. . https://www.

cs.virginia.edu/~robins/BU2/webman_BU_Jan_25_2012/brochure/images/manuals/IBM_704/IBM_704.html, accessed August 17, 2022.

Irwin, W. 2013/2014. The Cambridge Meccano differential analyser no. 2. *Computer Resurrection: Bulletin of the Computer Conservation Society* (64), Winter. 以下で入手可能. http://www.computerconservationsociety.org/resurrection/res64.htm, accessed September 15, 2017.

Isenberg, C. 1976. The soap film: An analogue computer. *Amer. Sci.*, 64(5):514–518, September–October. 以下で入手可能. https://www.americanscientist.org/article/the-soap-film-an-analogue-computer, accessed August 17, 2022.

Johnson, J. B. 1928. Thermal agitation of electricity in conductors. *Phys. Rev.*, 32:97–109, July.

Karp, R. M. 1972. Reducibility among combinatorial problems. In R. E. Miller and J. M. Thatcher, editors, *Complexity of Computer Computations*, pages 85–103. Springer, New York. 以下で入手可能. https://cgi.di.uoa.gr/~sgk/teaching/grad/handouts/karp.pdf, accessed August 17, 2022.

Khan, Ustad Imrat. 1991. Ajmer. Water Lily Acoustics compact disc WLA-ES-17-CD (Surbahar and Sit ar, Shafaatullah Khan, Tabl).

Khinchin, A. I. 1957. *Mathematical Foundations of Information Theory*. Dover, New York. Translated from the Russian by R. A. Silverman and M. D. Friedman.

Koch, C., and K. Hepp. 2006. Quantum mechanics in the brain. *Nature*, 440(7084):611–612, March 30. 以下で入手可能. https://www.nature.com/articles/440611a.pdf, accessed August 23, 2022.

Lavington, S. H. 1980. *Early British Computers: The Story of Vintage Computers and the People Who Built Them*. Manchester University Press, Manchester, UK. (邦訳)『コンピューターの誕生―イギリスを中心として―』, 末包良太 訳, 蒼樹書房, 1981.

Lee, F. 1999. Physical manifestation of NP-completeness in analog computer devices. Master's thesis, MIT, Cambridge, MA. 以下で入手可能. https://citeseerx.ist.psu.edu/viewdoc/download?doi=10.1.1.974.7644&rep=rep1&type=pdf, accessed August 17, 2022.

Lo, A. 1961. Some thoughts on digital components and circuit techniques. *IRE Transactions on Electronic Computers*, EC-10(3):416–425, September.

Main, M. G. 1994. Analog solution of NP-complete problems. Technical report CU-CS-700-94, Computer Science Department, University of Colorado, Boulder, paper 668. 以下で入手可能. https://scholar.colorado.edu/concern/reports/8s45q975h, accessed August 17, 2022.

Main, M. G. 2007. Building a prototype analog computer for exact-1-in-3-SAT. Technical Report CU-CS-1035-07, Computer Science Department, University of Colorado, Boulder, paper 967. 以下で入手可能. http://scholar.colorado.edu/csci_

techreports/967, accessed October 2, 2016.

Markland, E., and R. F. Boucher. 1971. Fundamentals of fluidics. In A. Conway, editor, *A Guide to Fluidics*. Macdonald & Co. Ltd., London.

Markov, I. L. 2015. A review of "Mem-computing NP-complete problems in polynomial time using polynomial resources." Review of Traversa et al. (2015). 以下で入手可能. e-print archive https://arxiv.org/abs/1412.0650, accessed January 22, 2018.

McCulloch, W. S., and W. S. Pitts. 1943. A logical calculus of the ideas immanent in nervous activity. *Bulletin of Mathematical Biophysics*, 5(4):115–133.

Menabrea, L. F. 1842. Notions sur la machine analytique de M. Charles Babbage. *Bibliothèque Universelle de Genève*, 41:352–376.

Menabrea, L. F. 1843. Sketch of the analytical engine invented by Charles Babbage from the Bibliothèque Universelle de Genève, October, 1842, no. 82. *Scientific Memoirs*, iii:666–731. Translated with notes by Ada Augusta Lovelace.

Miller, K. S. 1960. *An Introduction to the Calculus of Finite Differences and Difference Equations*. Holt, New York.

Milotti, E. 2001. 1/f noise: A pedagogical review. 以下で入手可能. http://arxiv.org/abs/physics/0204033v1, Invited talk to E-GLEA-2, Buenos Aires, September 10–14. accessed April 19, 2016.

MIT Civil and Environmental Engineering Newsletter. オリジナルは行方不明であるが, Wilbur の機械的な計算機は, 2001 年の冬に東京で再登場した [a].

MIT Museum. 2011. Wilbur machine. Photo from a nomination for the MIT 150 Exhibition, which opened January 8, 2011. 以下で入手可能. http://museum.mit.edu/nom150/entries/1422, accessed August 29, 2016.

Monod, J. 1971. *Chance and Necessity: An Essay on the Natural Philosophy of Modern Biology*. Knopf, New York. Translated from the French by A. Wainhouse. (邦訳)『偶然と必然—現代生物学の思想的問いかけ—』, 渡辺 格・村上光彦 訳, みすず書房, 1972.

Moore, G. E. 1965. Cramming more components onto integrated circuits. *Electronics Magazine*, 38(8), April 19. Reprinted in *IEEE Solid-State Circuits Soc.* Newsletter, September 2006, 33–35.

Nabokov, V. 1955. *Lolita*. G. P. Putnam, New York. (邦訳)『ロリータ』(新潮文庫), 若島 正 訳, 新潮社, 2006.

Newburgh, R., J. Peidle, and W. Rueckner. 2006. Einstein, Perrin, and the reality of atoms: 1905 revisited. *Am. J. Phys.*, 74(6):478–481, June. 以下で入手可能. https://www.researchgate.net/publication/228675192_Einstein_Perrin_and_the_reality_of_atoms_1905_revisited, accessed August 23, 2022.

---

[a] 訳注：国立科学博物館の理工電子資料館に九元連立方程式求解機として展示されている. https://www.kahaku.go.jp/exibitions/vm/past_parmanent/rikou/computer/kyugen.html

Nyquist, H. 1928a. Certain topics in telegraph transmission theory. *Trans. AIEE*, 47:617–644, April.

Nyquist, H. 1928b. Thermal agitation of electrical charge in conductors. *Phys. Rev.*, 32:110–113, July. 以下で入手可能. https://123.physics.ucdavis.edu/johnson_files/nyquist_1928.pdf, accessed August 23, 2022.

Olszewski, A., J. Woleński, and R. Janusz, editors. 2006. *Church's Thesis after 70 Years*. Ontos Verlag, Heusenstamm, Germany.

Oltean, M. 2008. Solving the Hamiltonian path problem with a light-based computer. *Natural Computing*, 7(1):57–70. 以下で入手可能. https://arxiv.org/pdf/0708.1512.pdf, accessed August 23, 2022.

Pakkenberg, B., D. Pelvig, L. Marner, M. J. Bundgaard, H. J. G. Jørgen, J. R. Nyengaard, and L. Regeur. 2003. Aging and the human neocortex. *Experimental Gerontology*, 38(1):95–99. 以下で入手可能. https://www.pnas.org/doi/pdf/10.1073/pnas.1016709108, accessed August 22, 2022.

Papadimitriou, C. H. 1994. *Computational Complexity*. Addison-Wesley, Reading, MA.

Papadimitriou, C. H. 2005. *Turing (A Novel about Computation)*. MIT Press, Cambridge, MA.

Papadimitriou, C. H., and K. Steiglitz. 1982. *Combinatorial Optimization: Algorithms and Complexity*. Prentice-Hall, Englewood Cliffs, NJ. Reprinted with corrections, Dover, New York, 1996

Peebles, P. J. E. 1992. *Quantum Mechanics*. Princeton University Press, Princeton, NJ. (邦訳)『ピーブルス先生の量子力学』, 二間瀬敏史 訳, 丸善出版, 2022.

Penrose, R. 1989. *The Emperor's New Mind: Concerning Computers, Minds, and the Laws of Physics*. Oxford University Press, New York. (邦訳)『皇帝の新しい心―コンピュータ・心・物理法則―』, 林 一 訳, みすず書房, 1994.

Preskill, J. 1998. Lecture notes for Physics 229: Quantum Information and Computation. California Institute of Technology, September. 以下で入手可能 https://www.lorentz.leidenuniv.nl/quantumcomputers/literature/preskill_1_to_6.pdf, accessed October 15, 2016.

Press, W. H. 1978. Flicker noises in astronomy and elsewhere. *Comments Astrophys.*, 7(4):103–119.

Price, D. J. 1974. Gears from the Greeks: The Antikythera mechanism, a calendar computer from ca. 80 B.C. *Trans. Amer. Phil.* Soc., 64(7):1–70.

Pristin, T. 1998. In New Jersey, a delicate industry unravels. *New York Times*, January 3. 以下で入手可能. http://www.nytimes.com/1998/01/03/nyregion/in-new-jersey-a-delicate-industry-unravels.html, accessed May 18, 2017.

Püttmann, T. 2014. Kelvin: A simultaneous calculator. 以下で入手可能. http://www.math-meets-machines.de/simcalc.pdf, accessed August 29, 2016

Raisbeck, G. 1964. *Information Theory: An Introduction for Scientists and Engineers*. MIT Press, Cambridge, MA.

Ridley, M. 1996. *The Origins of Virtue*. Penguin Books, New York. (邦訳)『徳の起源—他人をおもいやる遺伝子』, 岸 由二・古川奈々子 訳, 翔泳社, 2000.

Rivest, R. L., A. Shamir, and L. Adleman. 1978. A method for obtaining digital signatures and public-key cryptosystems. *Communications of the ACM*, 21(2): 120–126.

Rosenberger, G. B. 1960. Simultaneous carry adder. US Patent 2,966,305; filed August 16, 1957; published December 27, 1960. 以下で入手可能. http://www.google.com/patents/US2966305, accessed May 18, 2017.

Rothganger, F. 2017. The dawn of the real thinking machine. *IEEE Spectrum*, 54(6):22–25, June.

Roy, S., and A. Asenov. 2005. Where do the dopants go? *Science*, 309, July 15.

Russell, B. 2009. *ABC of Relativity*. Routledge, New York. もともと1941年に出版された. (邦訳)『相対性理論の哲学—ラッセル, 相対性理論を語る』, 金子 務・佐竹誠也 訳, 白揚社, 1991.

Schaffer, C. 1988. *Principles of Computer Science*. Prentice-Hall, Englewood Cliffs, NJ.

Searle, J. R. 1980. Minds, brains, and programs. *Behavioral and Brain Sciences*, 3(3): 417–424. 以下で入手可能. https://web-archive.southampton.ac.uk/cogprints.org/7150/1/10.1.1.83.5248.pdf, accessed August 23, 2022.

Shannon, C. E. 1938. A symbolic analysis of relay and switching circuits. *Trans. Amer. Inst. of Elect. Eng.*, 57(12):713–723. 以下で入手可能. https://www.cs.virginia.edu/~evans/greatworks/shannon38.pdf, accessed August 23, 2022.

Shannon, C. E. 1941. Mathematical theory of the differential analyzer. *J. Math. & Phys.*, 20:337–354, April. 以下で入手可能. https://www.semanticscholar.org/reader/3294fa057bbaeab060190f7d7a48db96ab6c829e, accessed August 23, 2022.

Shannon, C. E. 1948. A mathematical theory of communication. *Bell Sys. Tech. J.*, 27:379–423, 623–656. 以下で入手可能. https://people.math.harvard.edu/~ctm/home/text/others/shannon/entropy/entropy.pdf, accessed August 23, 2022.

Shannon, C. E. 1949. Communication in the presence of noise. *Proc. IRE*, 37(1): 10–21, January. 以下で入手可能. http://fab.cba.mit.edu/classes/S62.12/docs/Shannon_noise.pdf, accessed August 23, 2022.

Shor, P. W. 1994. Algorithms for quantum computation: Discrete logarithms and factoring. In *Proceedings of the 35th Annual Symposium on the Foundations of Computer Science*, pages 124–134.

Sinden, F. W. 1959. Mechanisms for linear programs. *Operations Research*, 7(6): 728–739, November–December.

Sipser, M. 1997. *Introduction to the Theory of Computation*. PWS, Boston. (第3版 邦訳)

『計算理論の基礎 [原著第3版]』1〜3, 田中圭介・藤岡 淳 監訳, 共立出版, 2023.

Skinner, B. F. 1960. Pigeons in a pelican. *American Psychologist*, 15(1):28–37. 以下で入手可能. https://www.appstate.edu/~steelekm/classes/psy3214/Documents/Skinner1960.pdf, accessed August 23, 2022.

Steiglitz, K. 1959. The simulation of human activities by machine. *Quadrangle*, 29(3):23–24, January. College of Engineering, New York University. 以下で入手可能. http://www.cs.princeton.edu/~ken/simulation_human59.pdf.

Steiglitz, K. 1965. The equivalence of digital and analog signal processing. *Information & Control*, 8(5):455–467, October.

Steiglitz, K. 1988. Two non-standard paradigms for computation: Analog machines and cellular automata. In J. K. Skwirzynski, editor, *Performance Limits in Communication Theory and Practice*, pages 173–192. Kluwer, Dordrecht, Netherlands. NATO Advanced Study Institute on Performance Limits in Communication Theory and Practice, series E, no. 142, July 7–19, 1986.

Steiglitz, K. 1996. *A DSP Primer*. Prentice-Hall, Englewood Cliffs, NJ.

Steiglitz, K. 2005. Isomorphism as technology transfer. *Signal Processing Magazine*, 22: 171–173, November. 以下で入手可能. https://www.researchgate.net/publication/3321664_Isomorphism_as_technology_transfer, accessed August 23, 2022.

Stevens, G. W. W. 1968. *Microphotography: Photography and Photofabrication at Extreme Resolution*. John Wiley, New York, second edition.

Swade, D. 1995. When money flowed like water. *Inc.*, September 15. 以下で入手可能. http://www.inc.com/magazine/19950915/2624.html, accessed August 22, 2016.

Technion, Israel Institute of Technology. 2015. And then there was Nano—The smallest bible in the world. 以下で入手可能 https://rbni.technion.ac.il/node/347 accessed August 17, 2022.

Thomson, J. J. 1897. Cathode rays. *Philosophical Magazine*, 44:293–316. 以下で入手可能. https://ur.booksc.me/book/11581719/43bdf1, accessed August 23, 2022.

Thomson, W. (Lord Kelvin). 1878. On a machine for the solution of simultaneous linear equations. *Proc. Roy. Soc.*, xxviii:111–113, December 5. 以下で入手可能. https://www.jstor.org/stable/pdf/113806.pdf, accessed August 23, 2022.

Thomson, W. (Lord Kelvin), and P. G. Tait. 1890. *Treatise on Natural Philosophy*. Cambridge University Press, Cambridge, UK, new edition, part I.

Traversa, F. L., C. Ramella, F. Bonani, and M. Di Ventra. 2015. Memcomputing NP-complete problems in polynomial time using polynomial resources and collective states. *Science Advances*, 1(6). 以下で入手可能. https://arxiv.org/pdf/1411.4798.pdf, accessed August 23, 2022.

Turing, A. M. 1936. On computable numbers, with an application to the Entscheidungsproblem. *Proceedings of the London Mathematical Society*, pages 230–265. 以下で入手可能. https://www.cs.virginia.edu/~robins/Turing_Paper_1936.pdf, accessed August 23, 2022.

Vergis, A., K. Steiglitz, and B. D. Dickinson. 1986. The complexity of analog computation. *Mathematics and Computers in Simulation*, 28:91–113. 以下で入手可能. https://www.cs.princeton.edu/~ken/MCS86.pdf, accessed August 23, 2022.

von Neumann, J. 1958. *The Computer and the Brain*. Yale University Press, New Haven, CT. (邦訳)『計算機と脳』(ちくま学芸文庫), 柴田裕之 訳, 筑摩書房, 2011.

von Neumann, J. 1966. *Theory of Self-Reproducing Automata*. University of Illinois Press, Urbana. Edited and completed by A. W. Burks. (邦訳)『自己増殖オートマトンの理論』, 高橋秀俊 訳, 岩波書店, 1975.

Weisberg, J. 2014. *Consciousness*. Polity Press, Cambridge, UK.

Whittaker, J. M. 1935. *Interpolatory Function Theory*. Cambridge University Press, Cambridge, UK, ch. IV.

Wilbur, J. B. 1936. The mechanical solution of simultaneous equations. *J. Franklin Inst.*, 222:715–724, December. 以下で入手可能. https://www.cs.princeton.edu/~ken/wilbur36.pdf, accessed August 23, 2022.

Wolfram, S. 2002. *A New Kind of Science*. Wolfram Media, Champaign, IL.

Woolley, B. 2015. *The Bride of Science: Romance, Reason and Byron's Daughter*. Pan Macmillan, London. (邦訳)『科学の花嫁―ロマンス・理性・バイロンの娘―』, 野島秀勝・門田 守 訳, 法政大学出版局, 2011.

Yao, A. C-C. 2003. Classical physics and the Church–Turing thesis. *Journal of the ACM*, 50(1):100–105.

Yu, F. T. S. 1984. *Optics and Information Theory*. John Wiley, New York.

Zuse, K. 1993. *The Computer—My Life. Springer-Verlag*, Berlin. もともと 1984 年にドイツ語で出版された. そして P. McKenna and J. A. Ross によって翻訳された.

索引

【訳者紹介】

岩野和生（いわの かずお）

1975 年，東京大学理学部数学科卒業．
1987 年，米国プリンストン大学コンピューターサイエンス学科 Ph.D. 取得．
元 IBM 東京基礎研究所 所長．
著訳書に，『機械学習 原著第 2 版』（共監訳，共立出版，2022），『レイティング・ランキングの数理』（共訳，共立出版，2015），『大規模データのマイニング』（共訳，共立出版，2014），『アルゴリズム・イントロダクション第 3 版総合版』（共訳，近代科学社，2013），『情報検索の基礎』（共訳，共立出版，2012），『アルゴリズムの基礎（情報科学こんせぷつ4）』（朝倉書店，2010），『Google PageRank の数理』（共訳，共立出版，2009）など．

なぜ世界はデジタルになったのか **—マシーンの離散的な魅力—** 原題：*The Discrete Charm of the Machine:* *Why the World Became Digital* 2023 年 5 月 31 日　初版 1 刷発行	著　者　Ken Steiglitz 　　　　（ケン・スティグリッツ） 訳　者　岩野和生　©2023 発行者　南條光章 発行所　**共立出版株式会社** 　　　　〒 112-0006 　　　　東京都文京区小日向 4-6-19 　　　　電話番号　03-3947-2511（代表） 　　　　振替口座　00110-2-57035 　　　　URL　www.kyoritsu-pub.co.jp/ 印　刷　新日本印刷 製　本　協栄製本

検印廃止

NDC 007

ISBN 978-4-320-12499-8

一般社団法人
自然科学書協会
会員

Printed in Japan